涉农企业介入对西北农户水土资源利用行为及效率影响研究

——以甘肃省民乐县为例

夏　莲　著

中国环境出版集团·北京

图书在版编目（CIP）数据

涉农企业介入对西北农户水土资源利用行为及效率研究：以甘肃省民乐县为例/夏莲著. —北京：中国环境出版集团，2019.4

ISBN 978 - 7 - 5111 - 3951 - 1

Ⅰ. ①涉… Ⅱ. ①夏… Ⅲ. ①马铃薯 - 食品加工 - 工业企业 - 水资源利用 - 研究 - 民乐县 ②马铃薯 - 食品加工 - 工业企业 - 土地资源 - 资源利用 - 研究 - 民乐县 Ⅳ. ①TV213.9 ②F323.211

中国版本图书馆 CIP 数据核字（2019）第 069622 号

出 版 人	武德凯
责任编辑	田 怡
责任校对	任 丽
封面设计	彭 杉

出版发行 中国环境出版集团

（100062 北京市东城区广渠门内大街 16 号）

网 址：http：//www.cesp.com.cn

电子邮箱：bjg1@cesp.com.cn

联系电话：010 - 67112765 编辑管理部

发行热线：010 - 67125803 010 - 67113405（传真）

印 刷	北京建宏印刷有限公司
经 销	各地新华书店
版 次	2019 年 4 月第 1 版
印 次	2019 年 4 月第 1 次印刷
开 本	787×960 1/16
印 张	11.5
字 数	220 千字
定 价	45.00 元

目　　录

第1章

绪　论

1.1　研究背景

　　我国西北部地区地域辽阔，土地资源丰富，是国家重要的农业基地及可垦荒地的集中分布区，可垦宜农荒地是现有耕地的四倍多，农业发展潜力十分大（刘俊民等，1998）。由于西北部特殊的地理位置和气候条件，使得水资源成为作物产量的主要决定因素。根据我国水资源的分布统计数据显示，81%的水资源分布在南方地区，在可耕土地占64%的北部地区却经历着严重的水资源稀缺的危机（Jin et al.，2001）。此外，水资源年际年内变化也很大，受强烈季候风气候的影响，年降水量从东南沿海地区超过2 000mm逐渐降到西北内陆地区不足200mm，而年降水量的差距从西北地区的超过8%逐渐下降到东南地区的不到2%（Jiang，2009）。由于西北地区降水量非常稀少，地下水缺乏，干旱严重，农地资源未能深度开发利用，资源优势难以体现，农业发展潜力并未被充分发挥（张俊飚等，1998）。水资源不可靠供给成为西北地区经济和环境可持续发展面临的首要问题（林奇胜等，2003）。与水资源短缺不相协调的是我国水资源利用效率仍然很低。农业是各部门中的用水大户，也是水资源浪费的大户，将近占到总用水量的74%，利用率却只有40%左右（苑韶峰，2007）。大量农业用水的使用并没有对农业水资源利用效率的提高有正向影响，相反农业用水的低效率使得农业水资源的浪费现象十分严重。有研究表明，在其他投入保持不变的情况下，达到目前的产量可减少一半的用水量（王学渊等，2008）。由于西北部地区一直局限于传统的粗放经营和外延扩大再生产的发展模式，主要依靠增加投入要素的数量来获得产品总量的增长，尤其是水资源这个制约因素。该地区单位面积耕地供水量只有全国平均水平的53%，而单位面积农田的灌溉用水量却是东部地区的1.5倍，单方耗水产出的粮食只有0.5kg，相当于全国平均水平的一半。再加上管理不善、设施老化、节水灌溉技术推广乏力（Deng et al.，2006；Wang et al.，2002）及对基础设施投资的不足（Lohmar et al.，2003；Xu，2001）等原因，我国农业灌溉水利用系数大多只有0.4，而很多发达国家已经达到0.7~0.8（周振民，2007）。因此，高效利用农业水资源，提高农业水资源利用效率，不仅是打破水资源限制，发展农业本身的需要，更是解决西北部缺水问题最基本、最有效的途径。

自20世纪80年代初农村实行家庭联产责任承包制以来，农户作为生产经营的最基本主体，根据自己的意愿投资农业生产，配置农业生产要素，一切节水技术及措施都需要通过农户实际行动来实施，其生产行为对农业水土资源利用效率起到最直接的影响作用。农业水资源的节约必须依靠农户利用效率的提高，农户生产行为与农业资源可持续利用有着密切的关系。近年来，随着社会生产力的不断提高和市场化改革的持续深入，农业生产经营中的散、小、弱等现象开始严重制约着我国农村经济的发展（Scott et al.，2010）。农户超小经营规模及其分散粗放的生产方式不仅限制了农业的适度规模经营，也在一定程度上限制了农户对先进技术的采用，增加了生产成本，影响了农业投入（Napier，2001）。农民进入市场代价太高，导致农产品市场失灵，造成农业资源的巨大浪费（Pingali，1997）；小农户与大市场相互矛盾，使得农业产品商品率低，农业产量和农民效益不平衡（Reardon，2003；牛若峰，1998）；农业的弱势地位与其滞留隐形失业及剩余劳动力息息相关，大量的农业剩余劳动力给非农行业带来了巨大的压力（祁春节等，2008），这一系列深层次问题在农业转型过程中逐渐产生。为适应我国市场经济发展的需要，一种新的农业生产经营方式悄然兴起，农业产业化被认为是在家庭联产责任承包制基础上，积极探索符合社会主义市场经济要求的新型农业经营方式的又一伟大创举。农业产业化的发展使得原本脱离市场相对封闭的农户逐渐走向市场，其生产决策也不再独立封闭，而是相应逐渐受到市场经济的影响。

农业产业化发展的本质是将"小农户"引入"大市场"，因此通过何种方式将农户与市场连接显得至关重要。从目前出现的农业产业化组织形式来看❶，"涉农企业（公司）＋农户"这种经营模式发展最为普遍，大约占到80%的比例（康云海，1998），被普遍被认为属于半独立型组织形式，其特点在于农业没有完全形成独立的产业，追求利润最大的企业和同样追求利润最大化的农户联合成产、加、销一体化的经济实体，这种形式下的农户仍处在初级产品的生产地位，农户并不能完全独立决定自己产品的生产、销售、经营和加工等行为（刘福军等，1998）。涉农企业作为联系农户与市场的重要中介组织，其追求最大利润的特性，带动了人才、管理、技术和资金等生产要素向农业回归，促进了地区经济发展、产业结构调整以及当地农业市场的发展，提高了农业比较利益，改变了农业的弱势地位，增加了农民收益（Kimenye，1995）。并以市场为导向、经济效益为中心，通过一体化的经营方式将市场信息、技术服务、销售渠道直接有效地传达给农户，带动农户按照市场需求组织生产和销售，降低农户生产及交易中的风险（Warning，2002）。在生产资料的投入上对农民采取赊销，在农产品收购中采取预付等形式，实际上等于向农户提供了商业贷款，减少了农户农业生产中的资金约束。涉农企业对农户生存与发展的影响，已经在一定程度上超越了宗法、邻里和社区关系（陆磊，2012）。然而，涉农企业与农户仅以市场为连接的方式往往过于松散，两者经济地位的不平等则会导致农户对涉农企业过于依赖以及在市场谈判中的弱势地位没有被改变，农民在农业产业化经营过程中无法获得相应的利益而对参与产业化的积极性降低（杜吟棠，2005；Reardon et al.，1999）。事实上，农户与涉农企业结合的农业化联合体十分脆弱，当利益发生冲突时很容易瓦解（高新才等，2001）。此时，地方政府以及基层村级组织往往通过创造有利于产业化发展的制度环境或直接介入农业产业化的某一环节来干预农户种植行为以实现涉农企业与农户的稳定合作，地方政府的介入可以有效降低合约签订、合约执行等方面涉及的成本。但是，地方政府也可能出现服务错位的现象，在不了解市场行情的情况下，强制农户改变经营品种及经营方向，导致农户利益损失，从而没有起到对当地农产品原料产销的带动作用（唐友雄，2009；沈晓明，2002；林万龙等，2004）。因此，农业产业

---

❶ 根据牛若峰等（2000）的分类方法，依据谁做"龙头"带动农户将产业化的组织形式分为五种模式：企业带动型（公司＋农户）、合作经济组织带动型（合作社或协会＋农户）、专业市场带动型（专业市场＋基地＋农户）、主导产业产品带动型（主导产业＋农户）、产学研联合企业带动型（科教机构＋企业＋农户）。

化发展背景下，农户在农业生产中有自主决策的权利，但同时很大程度上也受到农业市场、涉农企业以及政府的共同影响。

农户生产决策对外部环境变化如何做出判断是农户自主配置生产资料提高生产效率的关键，而农户对这些环境变化的激励是否做出理性的响应则取决于农户各自的能力（李二玲等，2010）。因此，作为农业生产和水土资源利用的最基本经济组织单元，理性的小农面临多重自身因素和外界因素的影响，往往通过综合考虑经济及非经济因素对农业生产做出合理的决策判断，农户对农业生产的决策进而影响到水土资源的利用效率，这在水资源严重制约土地资源充分利用的西北地区有着更加重要的现实意义（荆晓东，2008）。综上所述，为提高西北地区水土资源利用效率，必须通过改变农户传统粗放的生产方式，并加大对节水技术的投资。在农业产业化发展的背景下，农户生产决策已经不再是脱离市场的封闭独立判断，而是很大程度上受到市场、涉农企业以及政府的综合作用。通过分析农户对涉农企业的介入带来一系列外部生产环境因素产生的生产决策响应，进而对水土资源利用效率影响研究，不仅为涉农企业合理引导农户生产行为提出有效的政策建议，更为农户生产过程中水土资源利用效率的提高提供可靠途径。

1.2 研究目标与研究内容

1.2.1 研究目标

水资源稀缺是土地资源相对丰富的西北部地区农业发展的最主要限制因素，要提高农地生产效率，促进农业经济发展，首先必须解决水资源制约问题。涉农企业介入农村，带来市场、企业以及政府等外部生产环境的变化，影响到农户生产行为，进而影响水土资源利用效率。因此，本书研究目标如下：①厘清涉农企业介入对农户水土资源利用行为及效率的影响机理，构建新的理论框架将涉农企业介入带来的外部环境因素作为重要影响变量引入对农户水土资源利用行为及效率影响的研究；②分析涉农企业介入对农户种植选择行为进而对水土资源配置的影响；③分析涉农企业介入对农户水利投资行为进而对水资源渗漏损失的影响；④综合考虑农户生产方式转变以及对水利设施完善的效用，分析涉农企业介入对水土资源利用效率的影响；⑤为合理发展农业产业化，通过涉农企业有效带动农户进入市场，改变农户传统粗放经营方式并增加水利节水投资，提高西北地区水土资源利用效率提供重要政策建议。

1.2.2 研究内容

为实现上述研究目的，本书以甘肃省民乐县马铃薯产业化发展为例，主要研究内容如下：

研究内容 1：涉农企业介入对农户种植选择行为的影响。涉农企业作为连接农户与市场的中介组织，一方面带动农户选择主导农产品的种植，实现规模化专业化的生产；另一方面通过开发新品种、新技术，提高主导农产品的市场竞争力。研究区域涉农企业的介入对马铃薯特别是大西洋新品种的大力推广改变了农户家庭原有种植结构，进而影响到水土资源合理配置。首先根据水土资源配置边际效益相等原则，利用 CD（Cobb – Doug las）生产函数测算每种作物水土资源的边际产值，判断当地种植结构调整是否合理；根据各作物水土资源利用比较优势，判断该地区主导农作物的推广是否有利于水土资源优化配置。再通过理论分析涉农企业介入带来的外部生产环境对农户选择主导农产品种植决策以及种植规模的影响，并提出相应的研究假说，利用 Probit/Tobit 计量模型控制自然及家庭特征等因素，实证检验涉农企业介入带来的农业市场、涉农企业与农户连接方式以及在此过程中政府所起作用对农户种植选择行为的影响。最终提出合理引导涉农企业发展以带动农户合理调整种植结构并优化水土资源配置的政策建议。

研究内容 2：涉农企业介入对农户水利投资行为的影响。农村水利基础设施作为受益可以排他的小规模俱乐部准公共产品，实现其农户私人供给是完全可能的，但是农户对公共物品的私人投资受到对水利设施的需求、供给能力以及政策环境的影响。首先综述我国小型农田水利运行机制供给困境，在此基础上解释农村小型水利设施公共物品私人供给的可能性。从理论上分析涉农企业介入对农户水利投资的直接影响，以及激励政府投资带动农户私人投资的间接影响。一方面涉农企业促进农民规模化、专业化的生产在一定程度上提高了农户对水利设施的需求，而其产供销一体化经营模式提高了农业比较收益，农户收入增加意味着农户水利设施供给能力增加；而另一方面，涉农企业的介入更是激励了地方政府在招商引资过程中对农村公共基础设施的完善投资，间接带动了农户的私人投资。选择 Multinomial Logit 计量模型，实证检验涉农企业介入对农户新建以及维修或改进渠道行为的直接以及间接影响。最终为合理引导涉农企业发展以激励农户小型农田水利设施投资决策提供相应的政策建议。

研究内容 3：涉农企业介入对农户水土资源利用效率的影响。涉农企业介入农业生产，除了带来市场、政府及涉农企业等外部生产环境的变化外，还带动农户生产方式向规模化、专业化转变，以及水利设施的完善等行为，共同影响了农户生产技术效率，生产技术有效率的农户被定义为同样资源利用有效率。首先通过理论分析涉农企业介入如何影响农户生产技术效率，进而影响到水土资源利用效率，构建农户生产技术效率及水土资源利用效率测算的理论模型。利用研究区域 2007 年和 2009 年调研农户两年马铃薯生产及水土资源利用面板数据，选择随机前沿生产函数"一步法"（SFA），采用极大似然法测算生产前沿边界的参数，并估计生产技术非效率决定因素，分析农户马铃薯生产技术效率及涉农企业介入对其的影响，在此基础上测算水、土资源利用效率，比较两年农户马铃薯生产过程中水土资源利用效率的变化，判断其利用潜力，利用 OLS 计量模型实证检验涉农企业介入农业生产对水土资源利用效率的影响，最终提出通过合理引导涉农企业发展以提高农户生产技术效率及水土资源利用效率的政策建议。

1.3 研究方法及数据来源

1.3.1 研究方法

1.3.1.1 归纳和分析相结合

归纳法作为通过事实归纳结论的研究方法之一，有利于在实践经验的基础上开展理论探索或创新。而分析法则是将对象整体分为各个部分、方面、因素和层次，以找到解决问题的主线。本书通过文献综述归纳总结涉农企业经营模式、农户生产行为以及农业水土资源利用效率等相关研究内容，构建基本理论框架，针对涉农企业带来的市场、政府及企业三方面外部生产环境变化如何影响农户生产经营方式，以及对节水技术的投资决策，进而分析其对水土资源利用效率的影响。

1.3.1.2 问卷调研法

问卷调查法也称"书面调查法"，或称"填表法"。用书面形式间接收集研究材料的一种调查手段。通过向调查者发出简明扼要的征询单（表），填写对有关问题的意见和建议来间接获得材料和信息的一种方法。本书侧重微观层面对农户水土资源利用效率的研究，从而统计资料对于农户生产及投资数据存在一定的局限性。因此通过随机抽样，以入户调查的方式收集了甘肃省民乐县两年农户农业生产数据，为深入分析涉农企业对农户生产行为及水土资源利用的影响提供微观层面的数据支持。

1.3.1.3　定性和定量相结合

定性分析和定量分析是相互作用、相互补充的两种分析方法，定性分析是定量分析的基本前提，没有定性的定量是一种盲目的、毫无价值的定量；定量分析使之定性更加科学、准确，它可以促使定性分析得出广泛而深入的结论。在定性理论分析涉农企业对农户水土资源利用行为及效率的影响后，本书定量实证测算了水土资源利用效率并计量检验涉农企业对其影响作用。

1.3.1.4　实证和案例相结合

新古典经济学以统计学和计量经济学的原理，研究出一些严谨的计量模型，通过实证计量分析，得出定量导向结论；案例分析法是新制度学派常用的方法，是指在真实世界里找问题，在真实世界里发现约束条件，将实例一般化的研究方法（周其仁，1996）。本书以甘肃省民乐县马铃薯产业发展为例，通过缜密的数学推导、逻辑分析涉农企业介入对农户水土资源利用行为及效率的影响。

1.3.2　数据来源

本书侧重于微观层面，着重分析涉农企业介入对农户水土资源利用行为及效率的影响，因此主要利用的是农户层面数据。此外相应的村庄问卷及用水者协会问卷也为研究提供了一定的数据支持。

主要数据来源：2008 年和 2010 年由南京农业大学、甘肃省社科院和甘肃农业大学的工作人员及学生对甘肃省民乐县做两年实地回访问卷调研所得的数据。结合分层抽样和随机抽样的方法，2008 年对甘肃省民乐县 3 大类地区随机选取 10 个乡镇，按照各个乡镇的海拔高度、村庄数量和人口数量，选择 21 个村庄作为农户调研样本村，每个村庄随机选择 2 ~ 3 个村民小组，每个村庄选择 15 个农户作为调研对象，这样入户问卷调查所获得的关于 2007 年农业生产和水土资源利用农户数据共 315 份。2010 年对 2008 年所访问的农户做回访调研，缺失的农户在同一个村子随机选择另一农户替代，这样 2010 年也获得了农户关于 2009 年农业生产和水土资源利用数据 315 份，由于 2010 年有52 户农户由于非农打工不在家或已去世等原因缺失，两年调研到相同农户共有 263 户。样本农户分布情况见表 1 - 1。

表 1 - 1　样本农户分布情况

乡镇名称	样本村数量	样本村名字	样本农户数量	区域类型
南丰乡	2	马营墩、杨家圈	30	3
永固镇	1	腾家庄	15	3
洪水镇	3	城关村、马家庄、下柴	45	2
民联乡	3	王郎中、朱家庄、西寨子	45	2
三堡镇	2	武家庄、三堡	30	2
六坝镇	2	五坝、王官	30	1
顺化乡	1	土家城	15	2
丰乐乡	1	张满寨	15	2
新天镇	3	二寨、大王庄、榆树苗	45	1 和 2
南古镇	3	克寨子、闫城、周庄	45	1 和 2
合　计	21		315	

1.3.3　技术路线

本书的技术路线如图 1 - 1 所示，具体研究思路主要包括六个步骤：

第一步：在涉农企业介入带来的农户生产外部环境变化的背景下，通过相关文献的回顾及选定研究区域调研并收集相关信息数据，提出本书的研究问题，即涉农企业介入对西北农户水土资源利用的影响。并初步设计研究方案，厘清研究思路，构建理论框架，即除了外部环境特征，农户的农业生产行为更是直接影响到水土资源利用效率，主要体现在改善传统粗放的经营方式并加大对节水技术的投资。

第二步：以农业生产理论为理论基础，通过理论分析对涉农企业介入来带的市场、企业及政府等农户生产外部环境的变化对农户水土资源利用行为及效率的影响进行分析，并以研究区域为例，描述性统计在该地区涉农企业介入之后，当地农户生产外部环境的变化概况。

第三步：以资源配置理论为理论基础，以研究区域为例，实证分析该区域涉农企业介入对主导农产品的推广造成农户种植结构的调整是否符合水土资源优化配置原则，并检验涉农企业介入如何影响农户的种植选择行为。

第四步：以公共物品理论为理论基础，以研究区域为例，实证检验该区域涉农企业介入对农户节水投资需求、供给能力及投资制度环境的影响，进而影响到农户水利设施投资行为。

第五步：以最优化农民理论为理论基础，以研究区域为例，实证测算该区域农户水土资源利用效率，并检验涉农企业带来的外部生产环境的变化，以及农户水土资源利用行为的改变对水土资源利用效率的影响。

第六步：在实证分析结果的基础上，总结提炼研究结论，并为如何通过涉农企业合理带动农户调整种植结构，合理实现规模化专业化的种植方式，并带动农户加大对水利基础设施的投资，最后为提高农户水土资源利用效率提出政策建议。

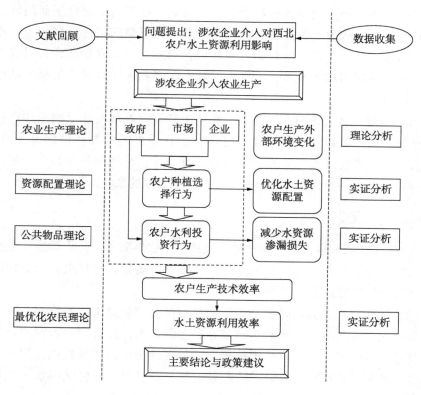

图 1-1 技术路线图

1.4 可能的创新与不足

1.4.1 可能的创新

（1）已有研究对农户生产行为对水土资源利用效率影响的分析往往侧重于自然因素及农户家庭等内部特征因素。然而随着市场经济的发展，农业产业化背景下涉农企业介入带来一系列农业生产外部环境变化，成为影响农户农业生产行为及水土资源利用的重要因素。本书构建新的理论框架，将涉农企业介入带来的市场、政府以及企业与农户连接关系等外部环境因素作为重要变量引入对农户水土资源利用行为及效率的影响研究中，试图通过完善农业生产的外部环境以改善农户水土资源利用行为并提高其利用效率。

（2）对农业产业化中各种经营模式的研究一般侧重于宏观层面的综合评价及理论分析，从微观层面对农户农业生产行为影响的实证研究较少。本书通过"涉农企业 + 农户"这种最普遍的经营模式分析涉农企业介入对农户生产行为及资源利用效率的影响，弥补了对农业产业化经营模式的研究在微观层面的不足。

（3）从理论及实证两方面揭示了农业生产外部环境特征对农户生产行为及水土资源利用的影响，较为全面将涉农企业带来的外部环境细分为市场、政府及企业，将农户水土资源利用行为细分为种植行为和投资行为，进而全面综合分析涉农企业介入对农户水土资源利用效率的影响。

1.4.2 不足之处

（1）由于研究区域马铃薯产业化发展仍在初期阶段，龙头涉农企业引入时间较短，当地的农户对马铃薯种植尚未形成规模化。这对农业产业化促进的规模化种植研究造成一定的限制。

（2）由于农户家庭之间水土资源配置不仅受到自身决策的影响，同时受到定额分配、灌水轮次以及渠系分布等多方面影响，且公司介入对农户之间的配置效率影响也是由农户是否种植马铃薯以及种植面积造成的。因此，研究侧重于研究区域不同农作物间的配置效率，而对农户家庭之间水土配置效率研究不足。

（3）涉农企业通过带动农户规模化专业化的生产，提高了农户劳动生产率,促进农村剩余劳动力向第二、第三产业转移,此外涉农企业对农户在当地的非农就业也创造了一定的机会。因此,涉农企业带来的非农就业一方面减少了家庭劳动力,削弱了对水利设施投资的劳动力供给能力,另一方面增加了农业及非农就业家庭收入,提高了对水利设施投资的资金供给能力。但是由于调研问卷设计不足,以及难以将涉农企业促进的非农就业独立定量分析,导致涉农企业带动的非农就业对农户水利设施投资影响的实证研究不足。

第2章

文献综述

随着我国市场经济的发展，涉农企业介入农村引导"小农户"走向"大市场"，在此过程中农户生产行为受到涉农企业带来的一系列外部生产环境的影响，从而影响农业水土资源利用效率，这在水资源稀缺并严重制约农地资源利用的西北地区有着十分重要的现实意义。根据本书研究目的及研究内容，从对效率的研究出发，首先明确资源利用效率概念及其影响因素；其次分析涉农企业介入对农户生产行为的影响；再次从种植选择行为对资源配置，以及水利投资行为对资源损失这两方面的文献回顾农户生产行为对水土资源利用效率的影响；最后对已有文献研究做简要评述。

2.1 资源利用效率及影响因素

资源利用有效率的农户往往是通过其农业生产技术有效率来界定的（Reinhard et al.，1999）。农户生产技术效率，即通过农户农业生产过程中投入与产出之间的关系来综合反应农户经营投入决策（李谷成等，2007）。由于学术界对效率的定义一直存在着多样的理解，对效率的不同定义又导致衡量方法不一致。因此测算农户生产技术效率，进而测算水土资源利用效率，必须先解决两个问题：一是什么是效率，二是如何测算效率；其次再分析效率的影响因素。本节从效率的概念定义和评价方法及效率的影响因素这两方面对已有研究进行回顾和综述。

2.1.1 效率定义及评价方法

由于对效率的定义很多，且没有统一标准，因此学者们在研究效率时往往根据不同的定义选取不同的衡量指标及测算方法，不同的效率指标也往往蕴含着不同的政策建议。在对效率的定义上，最容易出现混淆的则是生产效率与生产率的概念。一些学者对生产效率的定义往往是通过生产率来衡量的，而生产效率或生产率衡量的本质是将资源的耗用或占用和经济增长联系起来（曲福田，2001）。由于其联系的方式不同产生了生产率和生产效率这完全两个不同的概念。

2.1.1.1 生产率与生产效率概念的区别

生产率是指在生产过程中产出与所需投入之间的比例。而生产效率是指在一定的技术、经济与社会条件下，经济资源利用过程中的投入与产出之间的关系，反映的是最优投入和实际投入关系或者实际产出与最优产出的关系。与生产率值范围可以正无穷大不同的是，效率值范围处于0到1。对于生产效率和生产率的概念，可以通过图2-1解释。

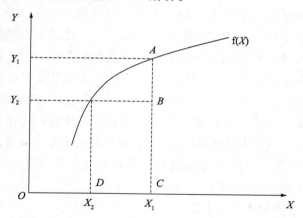

图2-1 生产效率与生产率关系图

图2-1中f(X)表示的是生产前沿面，是在没有任何效率损失下能达到最优的可能边界。如果在C点投入X_1的要素，则对应的生产前沿面上的点为A点，此时可以得到Y_1的产出，但是由于生产过程中存在各种消耗，以及生产技术水平低和规模不经济等原因，实际产出只能达到B点，得到Y_2的产出，此时要素的生产率则为Y_2/X_1（投入与产出之间的关系）。而对于生产效

率来说，需要从投入和产出两个角度分析。从投入角度，最优产出水平为 Y_1，实际产出为 Y_2，产出损失为 AB 及 $Y_1 - Y_2$，此时生产效率为 $Y_2/Y_1 = CB/CA = 1 - BA/CA$（实际产出和最优产出之间的关系），即表示在投入水平不变的情况下，实际产出 B 点与最优产出 A 的距离与程度。从生产角度，如果要达到产出 Y_2，当不存在任何效率损失的情况下，只需要 X_2 的投入，但实际投入为 X_1，则浪费的资源为 $CD = X_1 - X_2$，此时生产效率为 $X_2/X_1 = OD/OC = 1 - CD/OC$（实际投入与最优投入之间的关系）。

2.1.1.2 生产率评价方法

对生产率比较简单的衡量方法是投入资源的"单产"或者"单产价值"，是根据资源消耗系数表示生产效率的方法（李世祥，2008）。对水土资源生产率的具体概念可以解释为：

土地生产率（Land Productivity），也称土地生产力，通常是指生产周期内（一年或多年）单位面积土地上的产品数量或产值，是衡量土地生产能力的一项指标（Satish Chand et al.，2009；张忠根等，2001；胡浩等，2009）。水资源生产率（Water Productivity）在不同研究层面有不同的定义：①区域层面：水资源生产效率被定义为生产总值与可利用水资源的比值（Wang.，1993）；②地块层面：表示每立方米水资源的产出或产值，随着水资源管理的理念不断深化，对水资源的利用越来越注重单位水资源的产值，而不仅仅是单位水的产量（孙晓珊，2004）；③产量层面：作物产量（产值）与土壤水分蒸腾蒸发总量的比值（Judy et al.，2003；Fang et al.，2010），这个定义是与 Kassam 和 Smith（2001）对水分生产率的定义是一致的；④作物层面：通常指单叶层面上叶片光合作用速率与叶片蒸腾速率的比值，或者是在冠层层面上利用作物生物量与土壤水分蒸腾蒸发总量的比值来评价（Sinclair et al.，1984；Mc Vicar et al.，2002）。

2.1.1.3 生产效率评价方法

生产效率是在现有技术水平下，生产者获得最大产出（或投入最小成本）的能力，表示的是生产者的实际生产与最优生产，即生产前沿面的接近程度，也称生产技术效率。Coelli 等（1998）曾将各种技术效率评价方法做了归纳和比较，主要分为参数方法及非参数方法，以统计方法确定生产前沿面的方法被称为参数方法，而以数学方法确定生产前沿面的方法则被称为非参数方法。通过对国内外现有生产效率研究的回顾及总结，目前对生产技术效率评价方法应用最多的为数据包络分析法（Data Envelopment Analysis，DEA）和随机前沿函数法（Stochastic Frontier Analysis，SFA）。

1. 数据包络分析法（DEA）

数据包络分析法是一种线性规划的数学过程，借助数学规划和统计数据确定相对有效的生产前沿面，有效点在非参数包络前沿线上，无效点在前沿线的下方，通过明确地考虑多种投入的运用和多种产出的生产，来比较提供相似服务的多个生产单位之间的效率。

Stijn 等（2008）分析了南非西北部小规模灌溉体系的水资源利用效率，利用 DEA 计算农户层面的技术效率及水资源投入效率，并利用 Tobit 模型分析了影响水资源利用效率的因素。Wang（2010）同样利用 DEA 方法评价了中国西北部农户层面的水资源利用效率，继而分析了影响农户水资源利用效率因素。Jin 等（2006）认为水资源作为单独的投入并不能生产出任何产品，只有和其他投入结合才能有所产出，因此水资源投入与经济产出之间的比例关系没有反映出水资源投入与其他生产要素共同作用的结果，因此提出采用水资源调整目标率（即水资源利用最优目标/水资源实际投入）作为一个新的指标，采用多投入 DEA 模型，将水资源作为投入与传统的投入劳动力及资金结合分析，测算我国生活用水及生产用水的效率。此全要素资源效率框架被钱文婧等（2011）借鉴，利用基于投入导向的数据包络分析模型，以水资源、资本和劳动力为投入，GDP 为产出计算我国 1998—2008 年水资源的利用效率。由于 DEA 评价方法只能评价一年的利用效率。廖虎昌等（2011）在利用 DEA 对西部 12 省数据分析和评价水资源利用效率的基础上，运用 Malmquist 全要素生产力（TFP）指数方法分析了 1999—2008 年序列数据。赵京等（2011）利用 DEA 模型分析了农地整理区域农户土地利用效率，然后运用 Tobit 模型分析了农地整理对农户土地利用效率的影响。周晓林等（2009）利用数据包络分析 DEA 的 C^2R 模型和 BC^2 模型，测算了中国"七五"到"十五"期间农地生产效率，发现传统农业大省和经济发达地区的农地综合生产效率和技术效率较高。王文刚等（2011）利用 DEA 和 Malmquist 生产率指数模型方法测算对吉林省 2001—2009 年农地要素资源的投入生产效率，并分析了其变化特征。

DEA 通过线性规划技术确定生产前沿面，以相对效率概念为基础的非参数评价方法，优势在于不用设定具体的函数形式，避免不适当的生产函数所产生的误差，可以选择多投入 DEA 或者多产出 DEA 模型，而且评价结果与量纲选择无关，避免了权重的主观性，并可将综合效率分解为技术效率、规模效率及配置效率（Speelman et al.，2008；Wang，2010）。但是由于 DEA 评价方法往往只能评价某一年份的利用效率，往往结合 Malmquist 生产率指数模型方法分析其效率变化（王文刚等，2011）。缺陷在于作为数学线性规划，DEA 不能对整个生产过程统计描述，无法对模型进行检验，对随机误差造成的效率损失不能分离测算（许朗等，2011）。

　　2. 随机前沿函数法（SFA）

　　随机前沿生产函数方法是采用包含了随机误差项的经济计量方法来估计生产前沿的函数，并通过函数对效率进行计算。认为函数的误差项包括一个零均值的随机误差项和一个非零均值的随机误差项，其中非零均值的随机误差项则反映的是无效性。

　　孙爱军等（2007）通过运用随机前沿生产函数（SFA）模型，使用超越对数（Translog）函数，对我国 1953—2004 年的工业水资源利用效率进行了测算。张爱民等（2010）运用随机前沿生产函数方法，测算全国各个省域的工业用水利用效率，将用水量引入 C－D 函数，计算水资源因子的各省全要素生产率，在此基础上运用空间相关分析方法研究技术效率和全要素生产率的空间关系。王金霞等（2002）利用河北省三个县的机电井系统的实地调查数据，建立了机电井系统供水量的随机边界生产函数模型，并分析技术效率影响因素。刘涛（2009）利用超越随机前沿函数测算了甘肃省民乐县不同农户水资源利用效率，从农户水资源管理能力角度计算节约用水的潜能，测算出其他要素不变的情况下农户可以减少的灌溉水量。王晓娟等（2005）以河北省石津灌区为例，采用超越对数随机前沿生产函数对该灌区的农户生产技术效率、灌溉用水效率及影响因素进行了实证研究。Sanzidur 等（2008）以孟加拉国为例，利用随机前沿函数测算农地生产效率，并估计土地细碎化和土地产权对农地利用率的影响。Mahendra（2002）同样利用随机前沿函数分析土地生产效率，侧重分析斐济土地产权对土地利用效率的影响。

　　随机前沿生产函数方法一直广泛应用于效率分析问题，在生产条件确定的情况下，可通过固定生产要素投入与可能的最大产出量之间的数量关系评价（曹慧等，2006）。同样原理，也可通过生产函数模拟出固定产出与可能最小投入量之间的关系（郑煜等，2006），生产函数法可以很好地分析科技进步的效果。但是也有明显的缺陷，如忽略了反映科技投入是如何影响科技进步进而导致影响农业资源利用效率，且必须事先明确生产函数（C－D 函数或者 Translog 函数），与 C－D 生产函数相比，Translog 生产函数包容性要高，被认为是和任何形式的生产函数的二阶泰勒近似，其缺点是消耗更多的自由度且变量间多重共线性的产生（顾乃华，2006），选择不同的函数选择会导致测算结果的差异。

2.1.2 资源利用效率的影响因素

生产技术有效率的农户其资源利用同样有效率，资源利用效率受到农户利用行为的影响。因此资源利用效率是一个内生变量，是多种因素综合作用的结果。往往与农户自身家庭特征相关并受外部环境影响。内部环境农户家庭特征中，其可能受到户主年龄、受教育程度、家庭成年劳动力特征及其就业情况、土地资源禀赋等因素的影响；而外部环境中，经济发展、制度环境等则是影响农户生产技术效率，进而影响资源利用效率的主要因素。

2.1.2.1 农户特征

农户的受教育程度和年龄是反映农户人力资本的重要特征。一般理论上认为教育变量可以通过"内部效应"和"外部效应"对生产效率有显著贡献（李谷成等，2009）。受教育程度越高的农户对农业生产技术掌握的也越好，其农业生产能力往往也更高（高雷，2011）。但也有实证证明了受教育程度对生产效率不显著，由于随着农户受教育年限的提高，农户又可能将更多时间投入回报率更高的非农生产中，正负两种效应导致对生产效率影响不显著（Temple，2001）。年龄作为衡量人力资本的另一个特征，苏宝财（2010）认为户主年龄对技术效率有正向且显著的影响，户主年龄越大，技术水平越高，其生产效率越高。而 Thangata 等（2003）则认为年轻的农户更愿意承担一定的风险，因此更愿意利用新技术新品种以提高生产效率。

由于目前农业比较收益低下，农户对农地重视程度下降（张忠根等，2001），导致大量劳动力转向非农就业。弓秀云（2007）认为家庭初始经济能力强、农户家庭劳动力年龄轻、家庭平均受教育程度高均会增加农户家庭劳动力非农劳动时间。劳动力外出务工一方面可能导致对农业生产的劳动力投入减少，降低农业生产技术效率；另一方面外出劳动力带回的汇款又有利于农户增加农药、化肥等生产要素投入，增加也农业生产技术效率（Mendola et al.，2000）。Rozelle 等（1999）分析了劳动力外出务工对中国玉米生产的影响，结果表明外出务工人数与农户的玉米单产水平呈显著负相关。Wu 等（1997）利用 1993—1994 年的数据估计了中国农户的粮食生产函数，结论证明粮食单产水平与家庭中从事农业的劳动力所占比重具有显著的负相关关系，而劳动力外出务工对中国粮食生产的总体影响是积极的。Quisumbing 等 (2007) 则认为劳动力外出打工对农业生产的影响必须识别务工决策的内生性，对菲律宾的研究表明劳动力流失和汇款流入并没有对农业生产产生显著影响。非农就业逐渐成为影响农业生产效率的一个重要因素。

　　土地质量及基础设施条件的差异同样会影响农业产出，从而影响农户生产的积极性以及劳动力的配置。Holde (2004) 发现土地质量的退化会导致农业产量及农户收入的下降，从而导致农村劳动力向非农行业的转移。在土地质量指标中，家庭种植土地规模，即土地细碎化，被认为是影响生产效率的另一个重要因素，但是对其影响程度及方向存在不同观点，Ghoes (1979) 则认为当农业除了劳动力投入以外还大量使用机械、化学和生物等技术时，农场规模将扩大土地利用效率。Sen (1996) 在对印度农户生产的研究中发现小规模农户单位的经济产出更高，农户经营规模与土地利用效率有着明显的负相关关系。Woodhouse (2010) 从生产成本的角度来看，由于能源价格上涨，依靠机械的工业化模式虽然生产率更高，但是长远角度来看，未来农业需要小规模的集约型生产方式。辛良杰 (2009) 则认为土地规模和土地利用效率之间并不只是简单的直线关系，农户种植面积小于 30 亩时，负相关关系不明显，超过 30 亩后，两者存在明显的负相关关系。张忠明等 (2011) 也证明了农业经营规模的扩大对土地生产效率呈波浪形的变化规律。罗必良 (2000) 则认为从经济组织规模效率的决定因素角度分析，揭示了农业在本质上并不是一个有显著规模效率的产业。

2.1.2.2　经济发展

　　区域经济发展对农户生产行为影响显著。邹晓霞等 (2005) 通过对河南省 3 个不同经济发展水平的平原村 210 个农户的实地调查，对比发现在商品经济不发达的农区，农产品商品率对农户经济收入的贡献呈负面影响，但程度较弱。张建斌 (1999) 研究发现经济发达地区农户是以非农业增收为主；经济欠发达地区农户生产以农业生产经营为主，兼顾非农业生产经营；经济不发达地区大部分农户仍在为摆脱贫困而努力，粮食自给稍有剩余，现金收入低，致使投资能力非常低。姚洋 (2000) 则认为经济较为落后的地区，由于缺少农业以外的就业机会和从事农业的边际收入效应较高，农户对土地保障功能的依赖在一定程度上抑制了土地市场发育；而经济发达地区的农户会因非农收入的不同而对土地的估价不同，从而使土地流转成为可能。区域经济发展水平也直接影响到当地的基础设施，李宗璋等 (2012) 利用两次农业普查对农村基础设施的调查资料显示水路和公路的普及程度对农业生产技术效率的提升有显著的推动作用。此外，农产品市场发展、投入要素成本价格、农户收入因素、劳动力再生产要素、农户消费行为、农户投资行为因素、政府公共投资、农业经济合作组织化程度等经济因素都对农户生产行为产生影响（岳跃，2006；樊胜根，2002；王思薇等，2009），进而影响到农户农业生产过程中资源利用及效率。

2.1.2.3　制度环境

制度环境因素对农户经济行为也产生十分重要的制约和影响作用。产权是影响农业生产的一个重要方面。Reddy（2002）分析斐济土地产权对土地生产效率的影响，结论表明租入土地的农地生产效率要低于自家拥有农地的生产效率，主要原因是由于产权不稳定性导致在租入土地上缺少长期投入。农地流转被认为从两个方面影响农业生产效率，一方面农地流转促使农地在不同经营能力的农户之间流转，对农业生产的不同投入会影响到技术效率；另一方面，农地流转促进了农户调整生产规模，影响了农业规模效率。刘涛等（2008）认为转出土地的农户土地综合产出率要低于没有转出的农户，而转入土地的农户土地综合产出率要高于没有转入的农户。陈训波等（2011）认为农地流转会降低土地的生产率，其主要原因是转入土地的农户在单位面积上的劳动投入显著低于转出土地的农户，单位面积土地上的资本投入也没有明显增加，因此农地流转降低了单位面积上要素投入强度，从而导致土地生产率下降。而贺振华（2003）认为土地流转没有改变目前农业生产方式和生产要素质量，也没有显著影响到农业生产。由于目前土地产权制度的限制，农村土地不能自由流转，农地制度成为影响农地生产效率的一个重要方面（刘长鑫，2011）。

此外，城乡分割的户籍制度一定程度上影响着农村劳动力外出务工行为，农村投、融资体系不完善，农户融资困难，从而影响了农户的投资行为（何广文，1999）。我国没有与农民工相匹配的社会保障制度，降低了农户抗风险能力，存在部分农户外出务工仍不愿放弃种植粮食的情况，这极大地阻碍了农村剩余劳动力的转移，进而阻碍了农地的流转（王银梅等，2009）。农业保险制度也会影响农户的农业生产决策，如种植方式的变更、化学品投入量的变化（Leathers et al.，1991）。此外我国政府对农业补贴政策，也在一定程度上促进了农民生产积极性（王秀东，2007）。

对于水资源利用效率而言，不仅受到农业水利基础设施的影响，包括渠系条件和灌水方式等因素（王晓娟等，2005；刘涛等，2010）。更受到农业用水制度和政策的影响，包括水权制度、水价改革及用水者协会组织效率等（王金霞等，2005）。对用水管理制度改革对农业生产的影响研究发现，用水者协会很多是在政府组织和支持下发挥作用的，农民参与用水管理的积极性并不高，因此有些区域管理制度变革带来的节水效果并不明显（Huang et al.，2009）。

2.2　涉农企业介入对农户生产行为的影响

涉农企业介入农业生产，通过大力发展区域农产品市场，引导农户进入市场，实现规模化、专业化的发展，涉农企业与农户连接的一体化经营模式也成为影响农户行为的重要方面。在此过程中政府往往也起到推动服务及政策支持的作用。因此从农业市场、涉农企业经营模式及政府作用三方面分析涉农企业介入对农户生产行为的影响。

2.2.1　市场经济对农户生产行为的影响

农业产业化发展的实质是以市场为导向，以农户为基础，以龙头企业为依托，以经济效益为中心，以系列化服务为手段，通过实行种养加、产供销、农工商一体化经营，将农业再生产过程的产前、产中、产后诸环节联结为一个完整的产业系统，是引导分散的农户小生产转变为社会化大生产的组织形式，通过市场农业自我积累、自我调节、自立发展的基本运转机制，各参与主体自愿结成利益共合体（牛若峰，1998）。林毅夫（1994）也曾提出农业化是一种在市场经济条件下适应生产力发展的崭新生产经营方式和产业组织形式，实质为生产专业化。因此，农业产业化进程是由传统农业向现代农业转变的过程，其根本动因就是组织农民进入市场（陈耀邦，1998）。然而将一家一户的分散的小农生产发展走向市场经济却是目前产业化遇到的最主要的障碍（杨欢进等，1998）。

沈平（2003）将市场经济下农户行为分为：传统习惯型、从众趋同型、观望等待型和探索创新型，认为农户行为选择通过影响农业规模结构、农业技术进步、农业区域结构及可持续发展等方面影响到农业经济的发展。高新才等（2001）认为将农户和涉农企业联系的农业化联合体是十分脆弱的，当利益发生冲突时很容易瓦解，由于农户深受小农意识的影响，其简单的经营行为对农业产业化有着至关重要的作用，将农户既作为生产者又作为投资者，认为农户选择经营方式的过程实质就是成本和利益的比较过程。康云海（1998）通过建立农户和"龙头"企业经营结合的理论模型，分析农业产业化发展过程中农户与龙头企业实现有效结合的存续区间、竞争范围和替代界限及比较效率的变化趋势，发现农户进入农业化生产的先决条件是：单个农户的边际生产率小于农业产业化边际生产率时，农户就会无选择地进入农业产业化经营。由于受农户在生产投资上的多样性、农户采用生产技术的现实性和农户生产经营行为的不可分性等影响，农户在进入农业产业化时存在一定的"滞后性"。因此在农村推行农业产业化经营时，要正确认识农业市场对农户行为的影响作用，采用适应农户行为的多种方式推动农业产业化发展和建立规范农业产业化参与主体的经营制度。

2.2.2 企业带动对农户生产行为的影响

由于研究目的与划分标准不同，农业产业化中组织形式也有了不同的分类方式。根据牛若峰等（2000）的分类方法，依据谁做"龙头"带动农户将产业化的组织形式分为五种模式：企业带动型（公司＋农户）、合作经济组织带动型（合作社或协会＋农户）、专业市场带动型（专业市场＋基地＋农户）、主导产业产品带动型（主导产业＋农户）、产学研联合企业带动型（科教机构＋企业＋农户）。

企业带动型，即"涉农企业（公司）＋农户"经营模式，作为目前在我国农业产业化的主流模式，占了大约80%的比例（康云海，1998）。根据涉农企业和农户连接的紧密方式，可分为三类：一是紧密型，指涉农企业与农户之间除了有明确完善的经济合同的连接方式，还有其他的产权关系，包括股份制关系、股份合作制关系、合作制关系等，这种以产权关系连接的组织形式又被成为纵向一体化。二是半紧密型，指涉农企业和农户之间主要是合同关系，合同确定的相互权利、义务相对简单，在风险、利益上有较多关联，这种以合同为纽带的组织形式也被称为横向一体化。三是松散型，涉农企业与农户之间主要是市场关系，没有其他约束，在这种情况下农户主要承担生产和技术等大部分风险，而涉农企业则要承受市场的风险（王爱群，2007；谭静，1997）。

涉农企业大多指从事农产品加工、营销的公司，其本身大多并不从事农业生产。主要以农副产品加工或流通企业为龙头，通过合同等多种利益连接机制，带动农户从事专业生产，将生产、加工、销售有机结合，实施一体化经营（彭星闾等，2000）。然而长期小农传统经济文化的习惯，农民的弱势地位都使农民对参与农业产业化组织存有一定顾虑（姜福祥，1999），导致产业化过程中经常出现农户与涉农企业关系紧张的现象。且"涉农企业＋农户"这种组织形式并没有完全改变农户在农业经营中的劣势地位，企业和农户的经济地位不平等，农户对企业的过于依赖，以及市场谈判中的弱势地位使得农户利益受到一定的侵害。因此，涉农企业和农户之间应加入中介组织，以减少交易费用，改善农户弱势的地位（胡彦龙，2004）。夏春玉等（2008）通过构建和分析不同交易主体之间的利益分配模型，探讨不同交易模式对农民收入的影响，结果也表明与市场交易模式相比，产业化的实施使得龙头企业和农户获得了更高的联合利润总额，而"龙头企业＋合作组织＋农户"模式比"龙头企业＋农户"模式更有效率，更能提高农民收入。蔡荣等（2007）从交易成本和契约的角度，分析我国主要的 3 种组织形式，认为"涉农企业＋合作社＋农户"和"专业合作社"两种契约关系比"涉农企业＋农户"更稳定，有利于减少交易成本，而"涉农企业＋合作社＋农户"和"专业合作社"两种组织形式的根本差异在于资产专用程度。罗必良等（2007）借用威廉姆森用来衡量交易费用的 3 个维度：资产专用性、不确定性以及交易频率，比较得出"涉农企业＋中介组织＋农户"组织形式在节约交易成本方面优于"涉农企业＋农户"形式，证明了中介组织介入的重要性。

2.2.3 政府作用对农户生产行为的影响

由于我国市场体系发育不完善，农业经济发展需要政府干预。我国政府在对农业发展是实际行为选择上存在着相互矛盾，一方面理论上肯定农业的重要性，另一方面又制定了一些限制农业生产的政策，甚至有牺牲农业经济促进第二、第三产业的政策（余雅乖，2010）。涉农企业介入农村，带动农业产业化的发展，但由于农户传统观念的束缚以及狭隘的小农意识，往往会对产业化、市场化的发展产生抵触，在此过程中，政府的宣传、组织、引导、协调工作，以及一定的经济及行政手段则是促进农民进入市场的有效手段。政府角色和职能定位直接影响到农业产业化的发展程度与速度（雷俊忠等，2003）。

虽然农业产业化发展过程也有农民自愿的创造和参与，但是政府安排的强制性更强烈（韩晶，2002）。一方面农民对提高农业生产收益有着强烈的要求；另一方面政府对农村经济增长的重要性有着更深刻的体会，政府往往会通过创造有利于产业化发展的制度环境或直接介入农业产业化的某一环节来干预农业产业化的发展（聂巧平等，2004）。牛若峰（1997）分析农业产业化过程中政府的作用应为支持、引导、协调和规范，提供信息、基础设施及其他公共服务，创造公平竞争的环境。但是这种推动也可能存在政府的过度推动，人为的改变农业产业化发展的速度和方向，且在产业化过程中造成政府与市场、企业分工不清，职能错位等问题（方言，2002）。地方政府在制定农业产业化发展规划和确定当地主导产业时，应按照市场经济规律，引导农业产业化经营发展方向；为产业化发展提供宽松的环境；建立多元化的投资机制；积极促进科技成果向农业产业化经营转化；并积极推进农民专业合作组织和行业协会的发展。政府在企业发展的同时应从经营主体的角度出发，加大对农业的控制力度，积极合理的推行农业产业化战略，促使农村经济更好更快地发展。

2.3 农户种植选择行为与水土资源配置

水土资源的优化配置是指将有限的资源在一定的时间和空间范围内发挥最大的效益（付梅臣等，2002），农户在作物种植选择上，通过增加水资源边际产品价值高的农作物配水量并减少水资源边际产品价值低的农作物配水量，或者多种植水资源边际产品价值高的农作物并减少种植水资源边际产品价值低的农作物，实现有限水土资源在作物间的优化配置。因此，从农户对水土资源配置研究综述从种植结构调整与水土资源配置及农户种植选择行为的影响因素两个方面进行综述。

2.3.1 种植结构调整与水土资源配置

在水资源有限的情况下，通过经济、生态、环境等多方面协调发展，优化种植结构，合理配置有限的农业水土资源，取得最佳的综合效率，是提高水土资源利用效率和农业可持续发展的重要方面。农业需水量在很在大程度上取决于耕地面积和各类作物播种面积（张永勤等，2001），根据水资源分布特点，将原来耗水型作物结构调整为节水型结构，进行改善作物品种、调整种植结构（Passioura，2006；陈爱侠，2007），或者利用合理的轮作搭配（吴天龙等，2008；马丽等，2008），都可以促进农业水土资源的充分利用。建立节水型农业的重要途径则是调整种植业结构（李祥妹等，2001）。张金萍等（2010）通过水资源高效利用核算模型体系对不同种植结构下的宁夏平原区水资源利用效率和效益变化进行分析，结果表明种植结构调整对平原区水资源利用效率和效益有较大的影响。吴丽英（2009）通过对作物灌溉定额和作物需水量的对比，分析了调整农业结构的节水量及经济效益。车建明（2002）认为农业节水与作物种植结构调整是互相制约、相互促进的关系。而王国辉（2006）通过对2001—2003年黑河节水工程实施前后对比，发现种植结构调整净节水量占总节水量的37.3%。可以看出种植结构调整是西北部节水的主要措施之一。

对种植结构与水资源配置之间关系的研究方法主要包括线性规划法、非线性规划法、动态规划法、多目标规划法及系统规划法等（高明杰，2005）。车建明（2002）认为农业节水与作物种植结构调整是互相制约、相互促进的关系，通过线性规划计算出优化种植结构的结果。张礼华等（2010）根据灌区作物种植净收益和作物用水需求，采用多目标妥协约束法，在不同水平年以作物收益最优和耗水最小为目标函数，以作物种植面积和生育期内可供水量为约束，对灌区种植面积进行优化。陈守煜等（2003）运用与农业水资源优化配置密切相关的作物种植结构的多目标模糊优化模型，并提出用模糊定权的方法来确定指标权重。吴天龙等（2008）通过对太行山山前平原对不同轮作模式进行连续四年的试验研究，选取了适合该地区的高效节水的种植模式以期解决水资源稀缺问题。武雪萍等（2008）利用灰色多目标规划的方法和原理，以提高水资源利用率、利用效率和节水增效为核心，提出粮食总产、经济效益、水分利用效益3个目标函数，综合考虑经济效益、生态效益和节水效益，建立了节水型种植结构优化灰色目标规划模型和方法。高惠嫣（2005）在利用层次分析法将不同的作物对环境的贡献率进行量化后，建立以经济效益最大、社会效益最高、环境效益最佳的多目标模糊优化农作物种植结构调整模型，合理确定三河市的作物种植面积和水资源优化模式。周惠成（2007）将农业系统看为社会、生态、经济复合系统，在水资源约束条件下，利用交互式模糊多目标有算法求解种植结构优化调整模型。徐万林等（2011）根据大系统递阶分析原理，建立了可以同时优化作物灌溉制度、作物结构和灌溉定额的双层模型，解决灌区作物之间和作物生育期内不同生育阶段的灌水配置问题。

2.3.2 农户种植选择行为影响因素

美国哈佛大学 H. 钱纳里教授认为，结构不合理是导致可利用资源不能充分利用的重要因素，是区域欠发达和落后的本质和根源。而西北地区农业结构的不合理正是制约其农村可持续发展的最主要因素（李宇等，2003）。为提高资源配置效率，必须合理调整农业种植结构。对种植结构调整的决定因素，学者们在宏观层面上认识比较一致，认为国内外市场需求、作物的比较优势和国家的支持政策因素等是影响种植业生产结构调整的主要因素（黄季焜等，2007），而微观上由于农户的生产决策受到多种因素影响，农户对种植结构的调整除受到作物本身需水特性、自然禀赋及农户家庭特征的影响，更大程度受到市场及行政指导作用（孙淑珍，2010）。李玉敏等（2009）通过对全国10个省的调查表明，种植结构受到水资源短缺的影响，同时也受到市场、价格、政策、土壤状况和气候变化等多方面因素的影响。蔡甲冰（2002）在有限水资源条件下的作物种植结构优化，既要考虑到作物本身需水、缺水规律，又必须根据市场的需求，考虑经济效益，适当调整作物种植面积和比例。

因此对已有研究做文献总结，农户种植结构决策往往受到下列因素影响：

（1）自然禀赋。气候变化是影响种植结构变化的一个重要因素，农作物的种植结构受到气温、降水量及日照时数的影响（廖玉芳等，2010）。水土资源禀赋同样是影响种植结构的重要因素，土地资源禀赋通常包括土地坡度、土壤肥力、土壤厚度等，而水资源禀赋则表现在许多方面，包括：水资源的稀缺性、灌溉条件、田块距离渠道的距离，供水可靠性等（李炜君，2010）。且由于不同区位水资源获得不同，在其他条件不变的情况下，上游地区更靠近水源，水流向下游地区，其渗透和蒸发损失相对加大，因此不同区位的农户对种植作物有着不同的选择。

（2）家庭特征。农户年龄代表家庭从事农业生产的经验，一方面，户主年龄越大，从事农业生产的经验越高，越愿意种植多种作物；另一方面，户主年龄越大，越不愿意接受新事物，不愿意种植新品种。受教育年限反应了对不同种植品种的接受程度，受教育程度越高，对节水作物的种植更加了解，可能会种植较为节水的作物。户主越愿意冒险，则越愿意尝试各种新的种植物。

（3）市场因素。市场需求是种植结构变化的基本驱动力。种植结构的单一往往由于农户市场信息来源狭窄，农业市场的完善、市场的基础设施和交通设施的完善是促进促进农户种植结构调整的主要决定因素（黄季焜等，2007）。赵连阁等（2006）运用线性规划方法模拟分析水价变化对灌区种植结构的影响，认为随着制约因素的作用逐渐减弱或者消失，水价的提高势必会对灌区的种植结构产生显著的影响。

（4）节水技术供给。其他节水技术与种植结构调整之间存在互补与替代的关系，一方面，如果其他节水技术越丰富，且可以支撑种植结构调整，则有利于促进区域节水型种植结构模式形成和优化调整；另一方面，如果其他节水技术发展比调整种植结构更有效、更容易实施时，会弱化种植结构调整对节水的动力。

（5）农业产业政策。国家或者当地政府会通过一些鼓励某些农作物的生产政策，而影响区域种植结构。政府通常通过提供一定的种植补贴或者进行技术培训等，来促进种植结构调整。陈素英等（2006）则认为调整农业种植结构主要职责应该是当地政府和农业部门，建立节水型种植结构的关键在于建立农业高效用水管理体制。

2.4 农户私人水利投资行为影响因素

农业灌溉用水效率很大程度上受到农村水利基础设施条件影响，包括末级渠系输水效率的影响。造成目前农村水利基础设施投资不足、建设和维护缺乏这种局面的原因，除了国家和地方政府较多的注重大江大河治理外，来自村与农户层面对小型农田水利、末级渠系建设与维护等投入不足也是重要原因。本节从农户私人水利投资，以及政府公共投资对农户私人投资的影响这两方面进行综述：

2.4.1 农户私人水利投资影响因素

农田水利基础设施是农村公共产品中最重要的基础设施之一。农户作为与农田水利关系最密切的行为主体，其水利条件的好坏直接关系到农业生产及生产收益。Ostrom（1992；2000）曾以我国台湾地区和墨西哥为例，实证分析表明不管由谁实施农田水利管理，其关键问题都在于农民用水者的集体参与。

实际上，农户参与公共水利投资的意愿却很低，由于农业税费改革后取消了统一规定的"两工"，即劳动积累工和义务工，且共同生产费制度被"一事一议"和农户用水者协会制度所替代（陆昂等，2007），用水者协会的有效发展被认为是促进农户参与共同投资的一个重要因素。胡定寰等（2003）通过对湖北省漳河三干渠灌区和东风渠灌区10个用水者协会及协会内208户农户的调查，实证分析了用水者协会的实践效果。黄彬彬等（2012）通过建立农户参与农田水利工程建设的囚徒困境博弈模型，认为发挥农民用水者协会在小型农村水利工程建设和管理的作用，可以更好地促进农民投工投资。也有学者认为这两种新的制度在实施过程中效果并不理想，无法承担农田水利设施的正常投入和运行（候胜鹏，2009）。贺雪峰等（2010）认为水利部门希望通过推广农民用水者协会代替之前的村社来保障对农田基本设施的投入，但由于农田水利极高的公共性和公益性，实践中基本没有成功的案例，"一事一议"制度同样因为缺少强制性而难以持续。

由于农业比较效益低下、粗放的经营方式、过于分散的小规模生产，以及长期以来与市场的严重脱离，使得农户难以产生利润而将资金转为投资。由于当前我国农业经营模式规模小且过于分散的限制，农户利益难以协调一致，导致农户对农田水利的建设意愿不高，也较难组织（陆昂等，2007）。而在一定流域小型水利设施的使用中，农民往往居住集中，利益相似，用途相同，收益来源一致，收益和设施使用成本对称，他们的策略行为亦可相互观察，加之农民之间的声誉机制，使得小型水利设施使用者的使用策略更接近于长期合作动态博弈，这为小型水利设施的建设和使用及产权制度的改革提供了可能（傅奇蕾，2006）。

收入来源多样化是农户参与公共水利投资意愿不足的另一个重要方面。由于农业比较利益低，农户参与非农就业等行为急速增加，农户收入来源逐渐多样化，导致劳动力不断向非农产业外移，其产生的"收入效应"和"劳动力效应"直接影响到农户是否积极参与末级渠系的修建和维修。朱红根等（2010）根据江西省619户种粮大户的调查数据分析结果表明，种稻收益、粮食补贴政策评价、农业劳动力人数、易洪易涝面积比重及村庄双季稻种植比重等因素都对农户参与农田水利建设意愿有显著正影响。

此外，农户私人投资往往受到公共投资的影响（杨美丽等，2007；Fisher et al.，1998），事实上如果没有村社的共同参与，小规模农户对末级渠道的投资很难与国家建设的大中型水利对接。可是由于在取消农业税之后，地方财政不再来自于农业收入，其财政状况与农民不再有关系，且由于地方政府主要官员任期较短，他们更倾向于机会主义对待农田水利问题，只要不出现大规模的粮食减产，地方政府没有理由关心农田建设（贺雪峰等，2010）。刘力等（2006）分析了县乡政府和农户对小型农田水利设施建设投资的态度和意愿投资比例及其影响因素。结果表明：县乡政府和绝大多数农户的投资态度是肯定的，但意愿投资比例均较低；县乡政府的地方公共品供给能力、水利建设资金缺口影响其意愿投资比例；农户的人均耕地面积、家庭收入结构、家庭财产、户主年龄、本村水利建设资金缺口等因素共同影响其意愿投资比例。

2.4.2 公共投资对私人投资的影响

公共投资与私人投资的关系可概括为挤出效应与挤入效应。挤出效应是指公共物品增加能够造成私人投资的减少，或者私人投资增加的数量小于公共投资增加的数量，也就是说公共投资在一定程度上代替或者挤出了私人投资。挤入效应是指当公共投资的增加能够导致私人投资的增加，或者私人投资增加的数量大于公共投资增加的数量，此时公共投资对私人投资产生了挤入效应。

在发达国家，对于挤出或挤入效应的争议较多。Nicholas（2000）对希腊公共投资对私人投资的影响进行研究，发现1948—1980年公共投资对私人投资有正影响，1981—1996年公共投资对私人投资有负影响。Devaraian等（1996）认为公共投资在不同国家、不同时期对私人投资会产生截然不同的影响。Fisher等（1998）研究表明，私人投资扩张对公共投资存在路径依赖，公共投资拥挤度较低时，只要公共资本与私人资本在生产函数上存在互补而非替代效应时，则公共资本存量的增加将提高公共服务水平，提高私人资本的边际产出，激励私人投资和私人资本的长期积累；而当公共投资拥挤度较高时，公共投资是否能刺激私人投资和私人投资的长期积累取决于生产中公共投资与私人投资之间的替代程度同公共投资的拥挤程度之间的抵消效用，拥挤程度越高，替代弹性必须越大，以刺激私人投资和私人资本存量增长。

而在我国，由于公共产品大多不存在拥挤度，因此公共投资对私人投资通常具有"挤入效应"。Lutifi等（2005）运用面板数据对发达国家和发展中国家的公共投资与私人投资的关系进行了实证分析，研究结果表示，在发达国家是公共投资挤出私人投资，而发展中国家公共投资与私人投资是挤入关系。尹文静等（2012）以山东省、安徽省和陕西省为研究对象，认为农村公共投资对农民私人投资的正向和负向的影响构成不同，且随时间发生波动，这与国家重要政策的出台和经济水平的迅速发展密切相关。王玺等（2009）按照时间序列分析的结果，无论在发展中国家整体还是在中国国内公共投资对私人投资均有显著的拉动作用，但是选择经济高涨和经济低潮等不同阶段的横截面数据进行分析，或者对时间序列数据去除经济周期性波动的影响后，无论是对中国还是对其他发展中国家，公共投资对私人投资并没有显著影响，私人投资主要受经济波动的影响。

2.5 本章小结

通过对水土资源利用效率评价及影响因素、涉农企业对农户生产行为的影响、农户种植选择行为及水利投资行为影响因素这四个方面文献的总结和回顾，可以得出下列结论：

（1）农户生产行为与水土资源利用息息相关，对于水土资源利用效率的评价及影响因素分析方法已经较为完善，但通常是将水、土资源单独分析其利用效率。实际上，水土资源作为最基础的农业资源，特别是在西北水资源严重稀缺地区，从投入产出角度来看，水资源是限制农地资源利用的主要因素，其生产效率相互影响、密不可分；从配置角度来看，不同作物之间的土地配置决定了其农业配水，而不同作物的需水程度也影响了农户土地的配置方式。

（2）农业产业化发展背景下，涉农企业介入农业生产，对农户生产行为及资源利用的影响不仅在于对农业市场的完善，同时政府在农业产业化发展过程中的推动作用和政策支持，以及涉农企业自身与农户连接方式，都是影响农户水土资源利用行为的重要因素。涉农企业、市场及政府三者共同构成影响农户生产行为及水土资源利用的外部因素。

（3）农户水土资源利用效率的提高主要在于改变传统小规模粗放的经营方式，并加大对水利基础设施投资。涉农企业介入农村，以市场为导向，经济利益为目的，带动农户向规模化专业化生产方式转变，在此过程中提高农民收入，激励农户农业投资行为。规模化生产方式的选择优化了水土资源配置，水利基础设施的投资减少了水资源运输中的损失，涉农企业通过影响农户种植行为及投资行为综合影响到农户水土资源利用效率。

第**3**章

理论基础与理论分析框架

本章是全书的理论基础，主要包括三个部分：首先对相关概念进行界定，然后梳理研究过程中可能需要借鉴的相关理论，最后根据研究目标，构建研究理论分析框架，为后文中涉农企业介入对农户水土资源利用行为及效率影响研究的实证分析提供理论指导。

3.1　相关概念界定

3.1.1　涉农企业

涉农企业，是指从事农产品生产、加工、销售、研发、服务等活动，本身并不从事农业生产，而是从事农业生产资料生产、销售、研发、服务活动的企业，泛指农、林、牧、副、渔、果、菜、桑、茶、烟等行业企业。涉农企业通常包括四种类型：一是为农产品生产提供生产资料和服务的农资企业，二是农产品生产企业，三是农产品加工企业，四是农产品流通企业。

大量涉农企业进入农村与农户一起成为农业产业化的重要组成部分，涉农企业与农户的联系方式，有的是通过市场收购，现货交易，有的是通过与农民签订长期购销合同，各自承担一定的义务并拥有一定的权利，形成相对稳定的利益关系（彭星闾等，2000）。一般以农副产品加工或流通企业为龙头，依靠龙头涉农企业的带头作用，发展规模经营，以市场为导向，以效益为中心，以科技为支撑，围绕主导产业，优化组合各种生产要素，对农业和农村经济实行区域化布局、专业化生产、一体化经营、社会化服务、企业化管理，形成市场牵动龙头涉农企业，涉农企业带动农户，实现产销供一体化的经营管理机制。

3.1.2　农户水土资源利用行为

农户作为农业生产中最基本的决策单元，其行为包括在农户经济活动中的各种选择决策。其主要生产行为通常包括：经营投入行为、种植选择行为、技术应用行为及资源利用行为（虎陈霞等，2009）。农户行为在从事农业生产的过程中与水土资源的可持续利用有着密不可分的关系。

新古典经济学从农业生产者是个人决策者出发，农户需要对什么作物应该种植在哪块土地上，作物的耕作需要多少投入，是否种植某种作物等问题做出决策，因此作为理性的"经济人"以最大化效用为目的的农业生产者可以改变农业投入和产出的水平和类别。农户总是在一定约束条件下（资源、环境、市场和政策），追求总效益的最大化；同时农户的需求偏好具有多样性特征，即农户在一定时期有多种需求（或偏好），但因为约束条件使其不能保证多种需要同时得到满足，农户会在政策的约束下，通过对不同偏好的不同程度的满足来实现农户总效益最大化。由于农业生产中农户往往面临着各式目标和约束，因此农户生产决策是在特定的社会经济环境中，为了实现自身的经济利益面对外部经济信号做出的一定的反应。农户作为经济行为主体，具有特殊的经济利益目标，并在一定条件下选定经营方向、经营规模、经营方式等行为追求其目标。

3.1.3　小型农田水利设施

农田水利是以农业增产为目的的水利工程措施，即通过兴建和运用各种水利工程措施，调节、改善农田水分状况和地区水利条件，提高抵御天灾的能力，促进生态环境的良性循环，使之有利于农作物的生产。按照规模一般可分大中型农田水利设施和小型农田水利设施。

大中型农田水利设施是指以大中型水库、泵站为依托，为几个村、几个乡，甚至几个县市提供灌溉服务的水利设施，它所服务的区域通常构成大中型灌区（吴安等，2009），属于公共产品中的准公共产品。

小型农田水利设施通常是指灌溉面积在 1 万亩以下、除涝面积在 3 万亩以下、渠道流量在 $1m^3/s$ 以下的农田水利设施。小型农田水利设施主要是自然或人造的农田水利设施（或网络），该设施系统建设投资额度少，服务范围窄，受益对象有限，大致在村民组合行政村的规模。更主要的是，它直接服务于农村生产生活，承担较少的社会责任，经济外部性较小（张全红，2006），与农户的生产活动密切相连，且大中型农田水利设施作用的发挥，也依赖于小型农田水利基础设施的配套。由于本书更加侧重村级及农户层面对于节水设施的投资研究，因此对农田水利基础设施的研究更加侧重于小型农田水利设施。

3.1.4　公共投资与私人投资

西方经济学中，按照投资主体的不同对投资进行划分，从而将社会总投资划分为私人投资和公共投资。公共投资一般被界定为由中央和地方政府投资形成的固定资本，由于政府不能在微观层面上直接介入企业活动的特定认识，这些政府投资往往被限定在某些待定的公共服务领域中，因此这些资本被称为公共投资，也被称为政府投资。公共投资是政府调节经济的主要工具之一。而与公共投资相对应的则为私人投资，一般根据投资活动受到市场调节影响的程度进行区分，市场机制可以充分发挥作用、市场调节可以使资源达到最优配置、竞争性较强的投资活动，就被看作为私人投资。公共投资和私人投资之间存在一定的互补关系，社会总资本积累则通过公共资本和私人资本的交替上升过程来进行。公共投资和私人投资分别在不同的时期成为推动社会总资本积累、促进经济增长的主要工具。

农村公共投资则是指中央或地方政府在农村水利建设、农村道路、农村通信、农村教育等方面进行的投资，与此对应的私人投资则是农村非公共领域中政府投资以外的投资。

3.1.5　效率、技术效率及配置效率

西方经济效率理论中认为效率包括技术效率和配置效率这两个部分。Farrell（1957）在《生产效率的测量》中首次提出了企业或部门的效率包括配置效率与技术效率两个部分。配置效率是指一定的要素价格条件下实现投入（产出）最优组合的能力，即在不减少一种物品生产的境况下，就不能增加另一种物品的生产；而技术效率则是通过投入角度，在生产技术与市场价格不变的条件下，按照既定要素投入比例，生产出一定量产品所需的最小成本与实际成本之比。Leibenstein（1996）又从产出角度，补充了技术产出为实际产出水平与在相同的投入规模、投入比例及市场价格条件下所能达到的最

大产出量之比。新古典经济增长理论中对技术效率的定义是所有投入和产出的关系（Rodríguez et al.，2004b），认为技术效率是产出的某种度量与所用投入的某种指数之比，衡量了一个行业或厂商在生产时所用的技术的现有状态，并将这种度量的变化解释为技术进步。技术效率进而又可分为纯技术效率和规模效率，前者是指通过有效利用生产技术实现产出最大化，而后者通过优化产出与投入实现产出最大化。由于技术效率和配置效率是相对独立的两个概念，实现效率的主体可以是技术效率高而配置效率低，也可以是技术效率低而配置效率高。而实现经济效率最优则是满足技术效率及配置效率同时最优。

3.1.6 农业资源利用效率

农业资源利用效率是指综合的衡量资源是否达到合理利用的一个评判标准。表现在三个方面：一是资源是否使用在最需要的地方；二是资源是否按照生产某种物品所必须消耗的资源量使用；三是资源的使用是否产生外部性（余传贵，2002）。对资源利用效率的理解从不同角度有不同定义：有学者从配置角度，认为资源利用效率指在成本约束条件下，实现投入和产出最优组合的能力（厉以宁，1999）；有学者从投入产出角度，认为资源利用效率指一定的投入有较多的产出或一定的产出只需要较少的投入，意味着效率的增长（Karagiannis，2003）；也有学者从社会福利角度，认为资源利用效率指社会现有资源进行生产所提供的效用满足程度，是需要的满足程度与所费资源的对比关系，因而是一个效用概念或社会福利概念（樊纲，2007）。

本书中对资源利用效率概念界定是从农户对资源利用的角度出发，农户经济效率最优的实现应满足技术效率及配置效率的同时最优，但是由于价格信息的可得性不足，资源配置效率不容易计算，学者一般侧重考查技术效率的影响（李然等，2009）。因此，本书对资源利用效率的界定是根据 Reinhard 等（1999）通过农户生产技术效率来界定的，即生产技术有效的农户其资源利用同样有效，指要达到资源利用效率必须在一定的技术条件下，在固定投入的基础上实现最大产出（或者在给定产出的基础上实现投入最小）。

3.2 理论基础

经济学主要研究的是人类行为选择理论。行为主体根据自己的行为目标，对所面临的经济社会环境及相关的资源稀缺约束条件做出理性的选择，实现最佳的经济效益，使稀缺的资源得到最佳配置及充分的利用。农户作为农业生产经营主体，其生产行为决定着农业生产经营效益的高低及农业生产要素的利用效率。因此，本书中涉农企业对农户生产决策、水土资源利用影响及机理分析主要是建立在农业生产理论和最优化农民理论（Frank Ellis，1993）、资源配置相关理论，以及公共物品理论等之上的。

3.2.1 农业生产理论

新古典经济学从农业生产者是个人决策者出发，需要对什么作物应该种植在那块地上、作物的耕作需要多少投入、是否种植某种作物等问题做出决策。因此，新古典经济学的中心思想是作为理性的"经济人"，以最大化效用为目的的农业生产者可以改变农业投入和产出的水平和类别。

农业生产中农户往往面临着各式目标和约束。农业生产的基本理论简化了农户生产中的各种问题，通过建立各种假设分析农户决策。农业和产出之间有三类关系是研究农业生产者经济决策能力的关键，具体如下：①不同投入水平对应不同产出水平，这是投入与产出的关系，也就是生产函数。生产过程中所有其他方面最终都和这一投入产出关系相关联。②生产特定产出需要的两种或多种投入之间的不同组合，这是生产要素之间的关系，被称为生产方法或生产技术。③一定农业资源投入可以获得不同产出，这是产出之间的关系，也称为农户选择。

3.2.1.1 产出和投入的决策关系

一般情况下，经济学的生产函数描述了一种产出和一种或多种可变投入之间的技术或物质关系。在农业生产技术水平一定的条件下，不同的要素投入水平决定着不同的产出水平。在其他生产要素投入不变的情况下，随着某种投入要素的不断增加，产出在达到最大产量后便会出现逐渐下降的趋势。

图 3-1 反映了这种投入与产出之间的关系，图上部分表示生产技术不变时，产出随着可变投入的增加而不断变化的过程。TPP 为总产出曲线，即没有任何可变投入的情况下也有一定的产出，随着可变投入的增加，其产出也不断增加。MPP 为投入边际生产率，是总产出曲线上每一点的斜率，由于边际收益递减规律，具有不断下降的特性，当 MPP 为零时，总产量达到最高点。从该点之后，随着可变投入的增加，总产出开始逐渐减少。在此点上，生产决策者便要做出生产要素最佳投入量的经济判断决策。

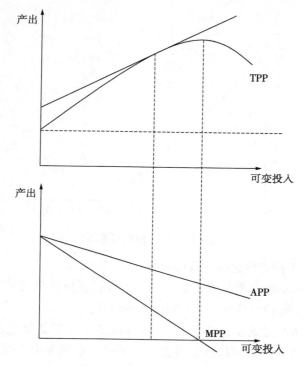

图 3 − 1 投入与产出关系图

3.2.1.2 不同投入之间的抉择分析

由于资源相对稀缺性及资源禀赋条件，农户在农业生产过程中，往往需要在可以互相替代的可变投入要素之间选择，通过选择不同的生产要素进行不同组合进行最佳配置的安排，在既定的产出水平上使各要素的投入实现最小化。这主要是根据资源相对稀缺性及资源禀赋条件来安排农业生产各要素的投入比例，在既定的产量水平上使得各要素投入实现最小化。

图 3 − 2 中相互平行的一系列直线代表两种可变投入的不同组合的总成本，被称为等成本线。从图 3 − 2 中可以看出，等成本线是等产量线的切线。对于给定的产量，该切点就是成本最小时的最佳要素投入组合，在切点处其等产量线和等成本线的斜率相等，即边际替代率和可变要素投入价格比的倒数相等，对于给定的农业产出在最佳的可变投入组合下实现了成本的最小化。此时农户实现了要素投入之间的最佳利用，实现了资源的最优组合。

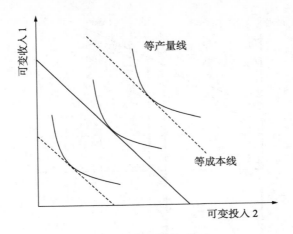

图 3 – 2　投入最优示意图

3.2.1.3　不同产出之间的抉择分析

根据市场对不同农产品的需求，农户可以根据所能拥有的农业生产资源合理地做出生产何种产品及生产不同产品的组合。

对生产不同产品的决策中主要用到的经济分析工具是生产可能性曲线（PPF），图 3 – 3 中生产可能性曲线表示的是在一定农业生产资源条件下，可以生产的不同农产品的最优组合。生产可能性边际曲线的斜率用来衡量生产资源一定时，两种农业产出之间的替代比率，例如每减少一单位的产出 1 可以增加产出 2 的产量。为达到最佳利用既定农业资源，农户一般会把资源分

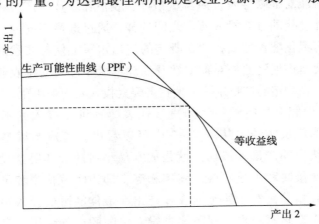

图 3 – 3　产出最优示意图

配在生产可能边界线上进行生产，在线内则表示农业生产资源没有充分利用，在线外则是资源无法达到的生产组合。

然而对农户来说，往往不仅考虑到生产的数量，更为关注的是生产效益，农户会根据经济利益最大化来决定生产何种产品，实现自己的最优经济利益。因此为分析农户做出最优选择的标准，经济学中通过边际收益相等的原则，即当等收益线与生产可能性边界线相切时，在切点处可以实现农户的最大经济效益。

3.2.2 资源配置理论

3.2.2.1 马克思主义经济学资源配置理论

马克思对资源的配置是从社会劳动的概念来解释的，由于要想得到各种不同的需要量相适应的产品量，就要付出各种不同的和一定数量的社会总劳动量，按一定比例分配社会总劳动量于不同的生产领域，不仅包括各个经济单位在生产某一产品时进行的社会劳动的合理分配，也包括社会各个部门的生产所需要的社会劳动合理分配。因此，资源配置实际是指生产要素资源的分配，即社会总劳动量的分配（马克思等，1972）。

对于资源配置的方式，马克思认为是不以人类的意志为转移的客观存在，在一定社会中占主导地位的资源配置方式最终由生产力的发展水平所决定。在资本论中，资源配置被划为三种基本方式，即封闭式直接配置资源方式、市场配置资源方式及计划配置资源方式。此外，马克思对价值、价格、供求、竞争相互之间的关系的分析，揭示了社会化商品经济条件下社会资源配置的调节机制。价值、价格、供求、竞争的相互作用构成市场机制，促进资源配置效率，调节资源配置的流向和均衡。

马克思揭示了资源配置是人类社会经济发展的共有一般规律。从资源配置的基本方式来看，市场配置资源方式是商品经济条件下的资源配置方式；计划配置资源方式是马克思设想未来社会主义社会有计划的产品交换经济条件下，即不存在商品货币关系条件下的资源配置方式。

3.2.2.2 新古典经济学的资源配置理论

西方经济学以资源的稀缺性的角度来解释资源配置，认为由于资源的稀缺性，导致能够生产各种商品的全部资源有限，人们必须在各种相对稀缺的商品中进行选择，这种选择就被称为资源配置（萨缪尔森，1979）。

新古典经济学资源配置理论重视"看不见的手"对资源配置的均衡的作用，以边际价值分析取代传统的劳动价值分析，强调价格机制对资源配置的杠杆作用，认为市场机制对资源配置起主导作用。资源配置的过程实际上是"经济人"在市场价格的刺激下，在各种可能的配置方案中选择一种最佳方案，使得某一经济活动达到均衡，资源得到有效利用，最终取得最大的经济福利。

经济学家通常以帕累托最优作为衡量资源配置效率的标准，如果对于某种既定的资源配置状态，所有的帕累托改进均不存在，即在该状态上，任意改变都不能使至少一个人的状况变好而又不使任何人的状况变坏，则称这种资源配置状态为帕累托最优状态（高鸿业，2004）。也就是说，当不存在帕累托改进的时候，资源的配置就已经达到了帕累托最优。资源配置最优主要包括消费领域最优、生产领域最优及生产和消费共同最优三种情况。

3.2.2.3　制度经济学的资源配置理论

马克思资源配置理论注重研究理想社会计划配置资源的优越性，而新古典资源配置理论则过于肯定市场配置资源的完美性（韩冰华，2005）。制度经济学在新古典经济学的基础上，通过强调产权界定在资源配置的作用，其核心思想就是强调产权制度对资源配置和利用率的影响。资源配置的最终目的是要提高稀缺资源配置效率，以产权制度的变迁与创新作为减少交易成本、提高资源配置效率的根本保证。

新制度经济学配置理论把资源配置与交易看成同一个过程的两个方面，对资源配置的认识，也就是对交易的认识。交易成本理论表明资源配置即交易活动是有成本的，因此如何配置资源也就存在配置效率的问题。不同形式的产权会对资源配置效率产生不同的影响，其主要决定因素取决于产权的三大功能（李炯光，1999）：①产权的配置功能，产权的明晰及易转让有利于降低资源配置的交易费用，提高资源的配置效率；②产权的激励功能，产权制度具有明显的排他性，直接影响到交易成本与资源配置绩效；③产权的约束功能，产权的明晰，确定了产权主体的权利、利益边界，也构成了产权主体在享受资源配置带来收益的同时必须承担相应的责任、成本（科斯等，1994）。新制度经济资源配置理论强调不同的制度安排对资源配置的影响，认为有效率的组织是经济增长的关键。

3.2.3 公共物品理论

现代经济学中对公共物品的研究开始于萨缪尔森，认为公共物品是指每个人对某种产品的消费不会导致其他人对该产品消费的减少。而公共产品与私人产品显著不同的三个特征，即效用不可分割性、消费的非竞争性和受益的非排他性（Samuelson，1954）：①效用的不可分割性指私人产品可以被分割成许多可以买卖的单位，谁付款谁受益，而公共产品是不可分割的。②消费的非竞争性包括两个方面：边际生产成本为零指在现有的公共产品供给水平上，新增消费者不需增加供给成本；边际拥挤成本为零指任何人对公共产品的消费不会影响其他人同时享用该公共产品的数量和质量。边际拥挤成本是否为零是区分纯公共产品、准公共产品和混合公共产品的重要标准。③受益的非排他性是指私人产品只能是占有人才可消费。然而任何人消费公共产品不排除他人消费。由于社会中所有人都追求个人利益的最大化而导致有限的公共资源和无限的个人欲望之间的矛盾，造成整个资源滥用、破坏甚至枯竭的"公地悲剧"（Harding，1968）。以科斯为代表的新制度学派认为公地悲剧主要原因为产权归属不清或者缺乏制度性的产权安排，如果能明晰共有资源的产权，则可以避免资源配置的低效率（Coase et al.，1960）。现代产权经济学则认为物品的本质取决于资产使用方式的产权结构，如果某种资产的产权安排决定了很多人都能不同程度地使用这种资产，那么这种资产就具有公共物品的特征，不可避免地导致租金耗散（Mankiw，2003）。

根据西方经济理论，由于存在"市场失灵"，市场机制难以在一切领域达到"帕累托最优"，特别是在公共产品方面。如果由私人通过市场提供则不可避免地会出现"免费搭车者"从而导致"公共的悲剧"，难以实现全体社会成员的公共利益最大化，一些社会成员的利益由于其他成员过度使用公共资源受到损失却无法得到补偿，这种成本的外部化则被称为外部效应（Merlo et al.，2000）。外部效应是公共物品的一种特殊形式，它随着公共物品生产或消费而产生，并最终导致资源的低效配置。当它存在时，完全竞争的市场就不能实现资源配置的帕累托最优，为了实现资源的优化配置，则需要政府组织介入解决外部效应内在化的问题，公共物品理论是政府经济干预的最充分理论。庇古于1920年首次提出了对公共物品的使用征税税费的想法，主张利用税收弥补个人成本和社会成本的差距，将负的外部效应内在化，此后也有学者提出财政补贴政策，用于将正的外部效应内在化。政府通过征税的方式取得资金，再将取得的资金用于公共物品的供给，从而解决公共物品的"搭便车现象"和"公地悲剧"。

3.2.4 最优化农民理论

3.2.4.1 利润最大化理论

农户总是在一定约束条件下（资源、环境和政策），追求总效益的最大化。同时农户的需求偏好具有多样性特征，即农户在一定时期有多种需求（或偏好），但因为约束条件不能保证其多种需要同时得到满足，农户会在政策的约束下，通过对不同偏好的不同程度的满足来实现农户总效益最大化。

对利润最大化的假说有三个重要的观点：①利润最大化假说并不必然要求利润以货币的形式存在。只是要求农民没有任何可能性去调整其投入或产出以获得更高净收入。②利润最大化假说既包含了农民的行为含义，即农民生产动机，也包含了技术经济内容，即农户作为经营性企业的经济绩效。③即使农民经济的性质不允许其达到严格新古典意义的效率，但是可以对面临着多重目标和限制条件的农户作初步计算。因此，农户面对其目标、限制条件及市场为条件的利润最大化行为仍可能存在。

农民在追求利润最大的假设是农民在生产可能曲线（PPF）上而非边界内生产，也就是说农民利用了他们可以利用的最高生产函数。但实际情况是农民可能在一个较低的生产函数上生产，这种农户将是无效率的。在生产过程中技术效率的概念表示为农民可以利用的各种技术中，使用一定数量生产性投入所能达到最高产量的技术。相反配置效率是指只是生产技术选定后，投入和产出相对于相应价格的调整，这种调整就是利润最大化的边际条件。经济效率表示了技术效率和配置效率同时实现的状态。实现经济效率要求生产单元利用最小的投入生产出同等的产量（投入技术效率），或根据现有投入量生产出最大的产量（产出技术效率），根据每项投入的相对价格来进行恰当的投入配置（投入配置效率），根据产品的价格来生产适当的产品（产出配置效率）（Kumbhaker et al.，2000）。这种效率之间的相互关系可以从投入和产出两个方面来描述和表示（Herrero et al.，2002），见图 3-4 和图 3-5。

从投入角度来看（图 3-4），技术（非）效率和配置（非）效率由该样本点与等产量曲线 UU1（也叫生产前沿面曲线）与企业规模扩张线 OP（规模收益不变）的位置估算。CC1 是等成本曲线，当要素价格比是已知的时候，其斜率是确定的。

（1）若样本点在 A 点，即为等成本点 $CC1$、规模扩张线 OP 和前沿面 $UU1$ 的交点，则该样本的技术效率和配置效率均为最优（都等于1），其经济效率也为最优。

（2）若样本点处于 B 点，即在规模扩张线 OP 上，则该样本配置效率为最优（等于1），但技术效率非最优，其技术非效率用 BA/OB 来表示，表示样本要达到技术有效可减少的投入要素的比例，技术效率则用 OA/OB 来表示。

（3）若样本点处于 D 点，即在前沿面 $UU1$ 上，但不在规模扩张线 OP 上，则该样本技术效率为最优（等于1），但是配置效率为非最优，存在配置非效率，DE 表示 D 点移动到技术和配置都有效的 A 点时所能减少的成本，配置效率则用 OE/OD 表示。

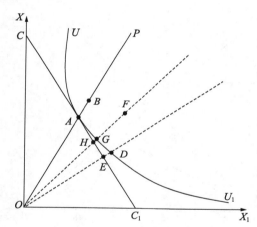

图3－4 投入角度的经济效率、技术效率及配置效率

若样本处于 F 点，即既不在前沿面 $UU1$ 上，也不在规模扩张线 OP 上，则改样点技术效率和配置效率均为非最优，存在技术非效率和配置非效率。因此为达到经济有效，首先是要素投入在生产上同最优点相比较的技术效率，应先从 F 点移到 G 点达到技术有效，其技术效率为 OG/OF，其次是考虑成本的有效性，用配置效率考察要素的投入是否按照其相对价格比例实现了最优配置，从 G 点移到 A 点，此时配置效率为 OH/OG。其经济效率则为 $OH/OF = OG/OF$（技术效率）$\times$（OH/OG 配置效率）。

从产出角度来看（图3－5），其经济含义是类似的。此时，$uu1$ 为生产可能性曲线，为产出前沿面曲线。

（1）若样本点在 a 点，则该点技术效率和配置效率均为最优，其经济效率也为最优。

（2）若样本点在 b 点，则在该点配置效率最优（等于1），其技术效率非最优，技术非效率为 ab/oa，技术效率则为 $1 - ab/oa = ob/oa$。

（3）若样本点在 d 点，则在该点技术效率最优（等于1），其配置效率非最优，配置效率为 od/oe。

（4）若样本点在 f 点，在该点其技术效率和配置效率均无效，要达到经济有效，需先达到技术效率最优，其技术效率为 of/og，再考虑配置效率最优，其配置效率 og/oh，其经济效率为 $of/oh = of/og$（技术效率）$\times$（og/oh）（配置效率）。

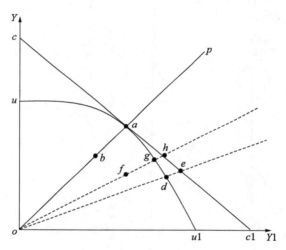

图 3-5　产出角度的经济效率、技术效率及配置效率

3.2.4.2　风险规避型理论

风险是指农作物生产过程中，由于某些不确定事件的发生会影响农业生产决策的结果，导致收入高于或者低于平均预期收入的事件所出现的概率。农业生产是自然再生产和经济再生产的过程，考虑到天气和其他自然因素对农业产量和农业生产周期长度的影响，不确定性对农业生产比工业生产的影响更大，对于不确定性与农民的假说内容如下（弗兰克，2006）：

（1）不确定性导致农民在微观生产水平上做出次优经济决策，即生产决策达不到利润最大化。

（2）不确定性使得农民不愿意或者非常犹豫接受新事物，即农民存在保守主义。

（3）不确定性是造成很多农民生产决策的原因，如混合种植农作物，体现了农民为减低不确定性而采取的生产行为。

（4）不确定对穷人的后果比富人更为严重，因此扩大了贫富差距。

（5）农户更多的参与市场、改进信息及增加产品销路，有利于降低不确定性。或者由于不稳定的市场和不利市场的趋势，使得农民不确定性加强。

根据风险产生的原因及性质，农业生产中遇到的风险可以概括为：自然风险、市场风险、政策风险及技术风险等。农户面临的各种风险对农业生产决策的影响可用图 3 - 6 来说明：

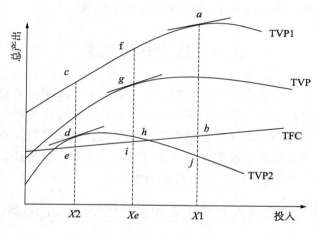

图 3 - 6　农户风险行为分析

图 3 - 6 用三条不同的产量曲线表示在不同天气的情况下农户对农业生产产量做出不同的预期判断，TVP1 表示的是好天气情况下农户不断增加可变投入所能获得的农业产出，TPV2 表示是坏天气情况下农户不断增加可变投入所能获得的农业产出，而 TVP 表示农户对好坏天气的可能性做出主观判断后农户希望得到的农业总产出。TFC 表示的是农户农业生产总投入曲线，农户根据对风险作出的主观判断分别做出 $X1$，Xe，$X2$ 的资源配置状态：

（1）投入 $X1$，它和曲线 TVP1 的配置效率完全一致，表示如果 TVP1 发生，农民将可能得到最大的利润 ab，但如果 TVP2 发生，农民将会损失 bj。说明投入 $X1$ 的农户是风险爱好者，其愿意承担风险情况下的损失。

（2）投入 $X2$，它和曲线 TVP2 的配置效率完全一致，表示如果 TVP1 发生，农民将可能获得最大的利润 ce，如果 TVP2 发生，农民仍可以获得稍小的利润 de。说明选择 $X2$ 的农户是风险规避者，即使再坏天气的情况下，仍可以获得少量的产量而不至于亏损。

（3）投入 Xe，这一点代表了好天气和坏天气加权平均结果时的农户的配置效率。如果 TVP1 发生，农民将能得到利润 fh，这个利润小于可能的最大利润，而如果 TVP2 发生，农民将能得到 hi 的损失，这个损失小于可能的最大损失，因此选择 Xe 的农户是风险中立者。

与利润最大化农民理论一样，风险规避理论也是假定农民家庭是一个追求经济最优化的个体单位，和利润最大化农民理论相比的区别则是，它设想农民家庭修改效率目标以考虑不确定事件带来的风险。

3.3　理论分析框架

作为农业生产最重要的生产资料，水土资源利用效率一直是广大学者关注的焦点。农户作为农业资源的利用主体，其从事农业生产行为对农业水土资源利用及效率起到最直接的影响作用。本书在自然因素及家庭内部影响因素的基础上，引入涉农企业带来的外部环境影响因素，分析涉农企业介入农业生产对农户水土资源利用行为及效率的影响。

3.3.1　涉农企业介入对农户农业生产外部环境的影响

近年来，随着市场经济的发展，在农业产业化发展的背景下，涉农企业逐步带动原本脱离市场的"小农户"走向了"大市场"，农户生产决策不再是脱离市场相对独立封闭，而是受到了市场经济的影响。然而，涉农企业介入除了完善农业市场，通过增加农产品销售渠道、提高农产品商品率及农产品销售价格等方面影响农户农业生产行为。其自身与农户之间以不同形式结合的紧密程度、不同的连接关系，以及政府在此过程中的推广作用及政策支持都同样影响到农户水土资源利用行为及效率。农户行为受到"市场"因素及政府与企业的"非市场"因素三者共同作用，具体理论分析框架见图 3-7。

农业产业化在不改变现存家庭联产责任承包制的基础上，通过涉农企业带动农户进入市场的经营模式已经成为改善目前基本农情的重要途径，即解决农户超小经营规模及分散粗放的生产方式与社会生产力的不断提高和市场化改革的持续深入之间的矛盾。其经营核心在于把农业主导产业发展成为核

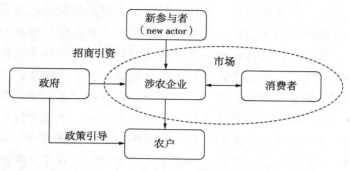

图3-7 农户生产外部环境分析框架

心经济,其关键在于龙头企业的规模、水平和职能作用的发挥。龙头企业作为依托主导产业和农副产品生产基地建立的,规模加大、辐射带动作用较强,具有引导生产、深化加工、服务基地和开拓市场的综合功能,与基地农户结成风险共担、利益共享的利益共同体。

龙头企业作为农业产业化的关键,其主要功能首先体现在开拓市场方面。涉农企业作为农业生产的新参与者,其追求利润最大化的特性,首先带动了人才、管理、技术和资金等生产要素向农业回归,促进了地区经济发展、产业结构调整及当地农业市场的发展,通过带动较大范围的生产基地和农户,提高市场供给能力,推进国际性或区域性市场产业化的形成。在此同时,通过培育主导产业,推广新品种新技术,指导农民经营方向、经营项目及农产品销售问题,将农民吸收在产业链里面,成为商品基地的基本生产单位,推进农民集中种植,形成规模化、专业化生产,解决农民分散经营的局限性;通过将农业生产与农产品加工、运销、综合利用等环节有机结合起来,形成产销供一体化的经营模式,将市场信息、技术服务、销售渠道直接有效传达给农户,带动农户按照市场需求组织生产和销售,减少农户在生产及销售中的风险,增加农民收入。农户的农业生产行为相应地受到市场价格、销售方式和销售合同等因素的影响。

一方面,由于农业生产的风险较大,涉农企业介入不仅在生产、技术等方面服务于农户,可以降低其从事农业生产的风险,而且稳定有效的供销关系又可以有效降低其农产品销售风险。但另一方面,公司与农户相互作为独立的经济主体,以追求各自利益最大化为经营目标,如果公司与农户不能建立有效的产供销一体的利益联合体,不仅直接影响到农户生产积极性,甚至会影响整个农业产业化的发展。从目前我国农业产业化发展的情况来看，涉农企业介入并没有完全改变农户在农业经营中的劣势地位，企业和农户的经济地位并不平等，农户对企业的过于依赖及市场谈判中的弱势地位往往使得农户利益受到一定侵害。由于农民组织化程度低，农业产业化带来的农产品增值效应大部分被龙头企业占取，农民本身反而只能获得较少利润。且农户深受小农意识的影响，当利益发生冲突时很容易瓦解，产业化过程中经常出现农户与公司关系紧张的现象而进行不下去的现象。为更有效的带动农户进入市场，涉农企业往往以一系列或松或紧的长期契约关系连接农户，其最基本的利益机制是通过建立"风险共担，利益共享"的保障制度，通过长期稳定的契约的形式规避风险和降低交易成本。因此，涉农企业与农户如何通过不同的契约形式形成一体化的紧密连接关系不仅是提高农户从事农业生产的积极性的重要方面，更是改善农户在农业生产中弱势地位的有效途径。

农业产业化过程中虽然有农民自愿参与的可能性，但是政府安排的强制性或引导性同样十分重要。为促进农业经济的增长，地方政府招商引资过程中为吸引一些大的涉农企业进入当地，出台了一些相应的扶持和补贴政策，包括税收减免、财政贴息、公益性补贴、价格补贴、用地优惠甚至上市优惠等。同时也包括通过加大农业基础设施投资等完善农业生产基础条件以保障农业产业化的发展。此外，为带动更多的当地的农户参与到与涉农企业的合作中，地方政府能够提供许多方面的包括显性和隐性的帮助。一方面通过引导或强制的手段保证农户对涉农企业农产品供给目标的实现；另一方面通过政策及财政支持影响农户农业生产行为及其资源利用。但是值得注意的是，地方政府在此过程中也可能出现在不了解市场行情的情况下，强制农户改变经营品种及经营方向，导致挫伤农户的生产积极性，产生服务错位的现象。政府角色和职能定位直接影响到农户参与产业化的发展。

3.3.2 涉农企业介入对农户水土资源利用行为的影响

要研究农户行为，首先必须对农户做经济人假设的判断，经济人假设是经济分析的出发点。经济人的假设是指人类是追求自身收益最大化的动物。在行为动机上，每个人都是自私的，以自身利益的最大满足为行为目标。在行为方式上，人又是理性的，能够在环境和自身条件的约束下，选择实现自身利益最便捷的行动方案。作为农业生产和水土资源利用的最基本组织单元，理性的农户面临多重自身因素和外界因素的影响，往往通过综合考虑经济及非经济因素对农业生产作出合理的决策判断。

中国的农户是在土地集体所有的基础上，通过实行家庭联产责任承包制而形成。一户为一个单位，以家庭成员的劳动为基础，使用自有生产资料，从事农业生产经营活动。目前我国农户基本特征表现为：①土地规模小，生产小而全。在人多地少的国情下，土地主要按照人地比例平均分配，这种均田制的结果必然使农户经营规模过小，而为了满足生活上多种多样的需要，农户以农为住，兼营其他，形成小而全的生产格局。②劳动生产率低，农产品商品率低。农户在生产规模小的情况下，满足自家生活需要才是主要的生产动力，在温饱问题解决之后，农户才致力于农产品的商品生产。而由于农户资本、技术等生产要素投入不足，为了获得高的产量，只有投入尽可能多的劳动，但是这就制约了土地产出率的进一步提高。③经济实力差，在市场交易中常处于不利位置。在劳动力、土地、资本、技术、信息、管理等生产要素中，农户占有比较充裕的只有劳动，其他体现现代化水平的生产要素非常稀缺，经营实力较弱。而由于文化素质相对较低，居住分散等制约了信息的准确获得和现代技术的推广，使得农户在劳动力和资本要素的运用上有很大的随意性，经营粗放，效率不高。而由于大多数农产品的价格需求弹性小于1，农产品丰收不仅会使农产品价格下跌，而且会使农民从农产品中的收入下降，农产品的歉收会使农产品价格上涨，但由于产量减少，农户收入也不会有较大的提高，农户在市场中处于不利的地位。

一方面，农业产业化的发展基础是各地从当地实际情况出发，因地制宜，确定主导产业，变资源优势为商品优势，最后形成经济优势。以农产品加工或农产品流通为主的涉农企业需要农户稳定的大量的农产品原料供给，通过一体化的经营方式将市场信息、技术服务、销售渠道直接有效地传达给农户，带动农户按照市场需求组织生产和销售，以盈利最大化为目的，以适度规模的土地为载体，以商品化、专业化、社会化生产为主要内容，提高农民收入及市场交易中的弱势地位。通过主导产业的连接作用，将农产品生产者、加工者与供销者紧密地结合成一个风险共担、利益共享的共同体。在不触动农户承包经营权的基础上，通过区域化种植等办法，扩大农户的外部经营规模，只有土地适度规模经营的发展，才能有效提高土地产出率、劳动生产率及农产品商品率，从而降低专业化、集约化生产的成本。但是由于农户受到小农思想的影响，在生产投资上存在多样性、采用生产技术的现实性和生产经营行为不可分性等影响，农户进入农业产业化生产时也往往存在一定的滞后性。只有当涉农企业介入之后其带来的边际生产率大于农户个人边际生产率时，农户才会选择农业产业化的经营方式，选择主导产业及规模化专业化的生产方式。

另一方面，农业产业化对主导产业规模化、专业化生产方式的转变需要基础设施投资的配套。自家庭联产承包责任制的广泛推行，农户经营主体地位确立后，农户投资一直受到学者的广泛关注。一些学者从农户投资行为的心理动机、投资行为目标、投资结构变化及制度环境等多方面进行了相关研究。经典经济学理论普遍认为，企业是否进行投资，首先取决于新增投资的预期收益率是高于、等于还是低于同量资本支出的银行利息率。由于我国农民生产经营的组织形式是以户为单位，这种分散性的组织形式，决定了农户的投资行为对农村公共产品有强烈的依赖性。家庭联产责任承包制使农民的生产分散化，但各农户的生产对象和生产过程存在共性，特别是都需要良好的水利灌溉设施，而对于单个农户来说，对水利设施的供给存在困难性。而涉农企业的介入主导了产业推广，形成了规模化、专业化的种植模式，统一了农户的灌溉利益，农户对水利设施的需求增加。同时涉农企业对农业市场的完善，有效地改变了农业比较收益低下的状况，不仅农户生产积极性有所提高，而且收益的增加同样提高了农户对水利设施的供给能力。此外，农户作为农村的一个重要的经济组织，其投资行为还在一定程度上受到制度环境的影响。目前我国农村公共产品供给存在总量普遍存在不足的现象，尤其在经济欠发达的地区。在农户经营高度分散、投资能力十分弱的条件下，增强农村公共产品的供给是促进农户扩大投资规模、优化投资结构、提高投资效率的先决条件。而政府为发展地方经济，在招商引资过程中为完善农村基础公共设施而对水利设施增加的公共投资，更是间接带动了农户参与对小型农田水利设施的私人投资。水利设施的完善有利于减少输配水过程中的渗漏损失，是有效提高水土资源利用效率的重要途径。

3.3.3　涉农企业介入对农户水土资源利用效率的影响

经济的发展不能依靠增加投入从而获得产出的增加这种粗放的经营方式，特别是在西北水资源严重稀缺的地区，因此提高资源利用效率是该地区经济发展的唯一有效途径。而资源利用效率的提高往往要通过提高技术进步和技术效率变化这两个方面实现。技术进步是指创新或者引进新技术的结果，引起生产可能性边界外移；而技术效率则是指经济单元的实际生产活动与前沿面，即成本或产出的最优值之间的距离，技术效率的提高是逼近生产可能性边际的结果，反映的是已有技术水平下的效率情况或者对现有技术的发挥程度。可见，技术效率是在衡量技术稳定使用的状况下生产单元与前沿面的靠近程度，越靠近则表示技术效率越有效。农户在农业生产中投入的目标是实现既定的情况下尽可能缩小投入或是在投入既定的情况下尽可能扩大产出，在考虑投入要素价格和产出价格之后，农户农业生产投入目标可以具体为投入成本的最小化或农业产出的最大化。虽然农户以最优化生产为目标，但是现实中往往由于多种因素干扰，只能在生产边界以下生产。对技术效率的研究意义在于通过挖掘现有技术，节约投入成本增加产出，促使农业走内涵式发展道路，最终实现资源可持续利用的发展路径。

技术效率通常受到管理效率、环境特征及随机误差的影响，其中管理效率是内生的，而环境特征及随机误差这两个因素是外生的。由于随机误差难以避免，为提高水土资源利用效率，必须完善影响技术效率的环境特征。农业产业化背景下，涉农企业介入影响了农户生产外部环境，不仅通过完善农业市场以影响农户对信息、知识及技术等生产要素的可获得性，从而影响到农户采用先进技术的能力，且农户的农业生产决策受到市场环境的影响显得更为强烈；而企业通过紧密程度不同的与农户的连接关系，不仅影响到农户从事农业生产的风险，更有效改变了农户在农业生产过程中的弱势地位；而在此过程中，政府的政策推动同样起到了十分重要的影响作用，伴随着农业政策的不断更新以及农产品市场需求的不断变化，农户必须不断地调整生产决策使得生产效率尽可能达到最优。本书中对水土资源利用效率有效的定义对其农户生产技术效率也有效，影响农户生产技术效率的因素也影响到水土资源利用效率。因此，涉农企业介入带来市场、政府及企业与农户连接方式三方面外部生产环境特征的变化，以及农户水土资源利用行为，综合影响到农户生产技术效率，进而影响到水土资源的利用效率。

此外，农户从事农业生产的资源利用行为最终将影响到资源的利用效率。其中种植选择行为，特别是经营规模对于农业生产效率的影响一直存在着争论。由于对于规模概念存在差异，且衡量农业生产效率时不同的研究往往采用不同的衡量指标。导致对农业经营规模与生产效率的研究结论很不一致。一种观点是认为资源利用效率是具有规模递增效应的，规模的扩大有利于提高资源利用效率，但也有相反的观点认为农地的大规模经营对资源产出效率并没有明显的促进作用，甚至也有观点认为对资源的产出效率有相反的作用。这种"反向"关系的可能原因往往是要素市场不完善、遗漏变量等问题（石晓平等，2013）。此外，对节水技术的投资行为同样影响到资源利用效率，我国目前普遍存在水利基础设施老化，水资源浪费严重的局面。其主要原因除了国家和地方政府投资往往较多的注重大江大河治理，忽略了对小型农田水利的投资以外，来自村、农户层面对小型农田水利工程、末级渠系建设与维护的参与不足是其重要原因。农田水利基础设施建设可以减少水资源从水源输送到田间的渗漏损失，不仅是充分利用水土资源的有效途径，更是关系到农业生产条件，促进作物稳产高产的重要保障。提高水土资源利用效率，不仅要改变农户传统粗放的经营方式，更要提高对节水技术的投资。

综上所述，农户在农业生产过程中，除了受到自然禀赋及家庭特征等内部环境因素的作用。农业产业化背景下，涉农企业介入带动农户走入市场，农户生产外部环境特征的变化影响到农户水土资源利用行为，进而影响到水土资源利用效率。由以上分析可以得出全书具体理论分析框架（图3-8）。

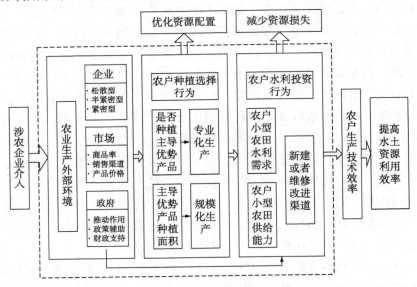

图3-8　理论分析框架图

第**4**章

研究区域涉农企业介入概况

4.1　研究区域马铃薯产业化背景

4.1.1　民乐县基本概况

　　民乐县地处祁连山北麓，甘肃河西走廊中段，张掖市东南部，总面积为3 678. 32km²，地理坐标为东经 100°22′59″ ~ 101°13′9″，北纬 37°56′19″ ~ 38°48′17″，东西宽 73. 8km，南北长 95. 4km。海拔 1 589 ~ 5 027m，年平均气温4. 7℃，年平均降水量 408. 8mm，地处我国 200 ~ 400mm 等降雨线之间的交界处，其年降水量和各季节的降水分配都难以满足农作物正常生育需要。降水稀少，蒸发强烈，全年无霜期 111 天，属温带大陆性荒漠草原气候。整个地形东、西、南三面环山，属于山地和倾斜高原地区，地势南高北低，由东南向西北倾斜，按海拔从低到高的顺序，当地干部、群众根据海拔高度将民乐县依次由北向南划分为一类地区、二类地区和三类地区。其中一类地区是海拔 2 000m 以下的地区，二类地区是海拔 2 000 ~ 2 500m 的地区，三类地区是海拔 2 500m 以上的地区，其中 50% 以上耕地分布在二类地区，三类地区靠近祁连山，属于典型的高寒地区。

　　全县辖 6 个镇、4 个乡、1 个社区管理委员会，包括：洪水镇、六坝镇、新天镇、南古镇、永固镇、三堡镇、南丰乡、民联乡、顺化乡、丰乐乡，10个乡镇共有 212 个村庄。2009 年底全县常驻人口 23. 91 万人，其中农业人口17. 81 万，占总人口的 74. 5%。该县物产富饶，资源丰富，境内四季分明，光照充足，土地肥沃，适宜农业生产，是培育天然绿色食品的理想之地。2009 年民乐县全年农作物播种面积 90.14 万亩（1 亩 ≈ 0.066 7hm²），其中，粮食作物种植面积 62.85 万亩，总产量 25.55 万 t，比上年增长 8.9%；油料种植面积 15.65 万亩，总产量 3.46 万 t，比上年增长 4.4%。农林牧业总产值 13.33 万元，其中，农业总产值 10.05 亿元，林业总产值 3 939.37 万元，牧业总产值 2.38 亿元，农林牧服务业总产值 5 068.63 万元。年末拥有农业机械总动力 43.78 万 kw，比上年增长 4.6%。农用拖拉机 3.3 万台，比上年增长 1.9%。实现机耕面积 73.6 万亩，机播面积 65.2 万亩，机收面积 55.2 万亩。全年输出劳动力 6.06 万人，实现劳务收入 4.7 亿元，比上年增长 36.2%❶。由于地域优势，马铃薯、啤酒大麦、双低油菜、中药材、林果、制种成为当地六大特色农业产品，并由此建成了马铃薯加工、蔬菜真空冻干、麦芽生产、粮油加工等一批龙头骨干企业，农业产业化经营水平不断提升。该地区农业产业结构发展具体目标为稳麦保油、增薯扩药、强种兴菜。

4.1.2　农业水资源配置概况

民乐县内有大小河流 13 条。年地表水径流量 4.2 亿 m³，地下水总量 2.5 亿 m³。现有中小型水库 7 座，总库容 7 052.8 万 m³，水电站 3 座，装机容量 476 万 kw，年有效灌溉面积 72 万亩。全县共有 5 个灌区，按照从东至西的顺序，依次为童子坝灌区、洪水河灌区、海潮坝灌区、大堵麻灌区、苏油口灌区，这五个灌区都是通过建设水库来拦截降雨和融化的祁连山雪水作为灌溉水源，都是引水灌区。除了拥有地表水灌溉系统外，少数村庄通过地下水进行补充灌溉。目前全县 7 座中小型水库的总库容达到 7 032 万 m³。至 2011 年累计建成各类渠道 1 495.6km，其中高标准防渗衬砌 580.1km，渠系利用率达到 96%，建成干、支、斗渠 1 093 条，保证了 60 万亩耕地的灌溉需求❷。

2002 年 3 月，水利部确定张掖市为全国第一个节水型社会的试点。8 月张掖市市委、市政府确定在临泽县梨园河灌区、民乐县洪水河灌区开展以水权为中心的用水制度改革。张掖市通过试点经验总结节水型社会的运行机制，其水权初始分配原则遵循总量控制、以水定产、定额管理、公众参与、水权流转、城乡一体。以建立水权制度、完善水价形成机制、培育和发展水市场

---

❶　数据来源：甘肃年鉴 2010。
❷　数据来源：新华网 http://www.gs.xinhuanet.com/dfpd/2011 - 05/25/content_ 22855427. htm。

的用水管理制度改革在张掖逐步实施成为现实，实施总量控制和定额管理两套指标体系是建设节水型社会的具体途径❶。在此背景下，民乐县在全县推广了用水者协会制度，为了管理上的方便，用水者协会一部分是按照村组建的，一部分是按照渠系组建的。灌水小组和村民小组相对应，原则上按照一家出一个代表参加用水者协会，通过农民自治治理，逐步实现灌溉管理职责由村组管理向协会管理的过渡。在自主治理结构下，民乐县具体的水资源分配方式为：由县水务局负责城乡生活用水、生产用水和生态用水的管理，颁布相关的制度条例，指导所辖灌区的用水事宜。灌区管理机构及其下属各个水管所负责其所在灌区区域的灌溉事宜，并负责召集各用水者协会负责人、县水务局领导等召开分水大会，根据历年的来水量和当年的降雨量，预测当年的可能来水量，通过分水大会确定各村的具体放水时间、配水比例、浇水轮期等。用水者协会负责本用水者协会范围内的用水事宜，负责统一收取水费，召开本协会的分水小会，传达分水大会指示，安排本协会的放水时间，根据水权面积确定各个用水者的供水量及灌溉顺序，在灌溉之前收取水费，在灌溉结束后，负责向各个农户多退少补。农户则负责向用水者协会上报自家水权面积和种植结构，以确定用水量。

在甘肃省民乐县，农户家庭水权面积的权属状况是随着土地权属的变化而变化的。在人民公社时期，土地所有权归公社、大队和生产队三级所有，由村庄或生产队范围内的农民统一使用，判定配水面积也相应的属各乡、村集体所有。20世纪80年代初，随着农村家庭联产承包责任制的实施，每个农户获得了独立的土地承包经营权，灌区判定配水面积也逐步向生产小组，进而向各农户分解落实，目前已基本确定到每个拥有承包地的农户，也就是说每个农户拥有了与承包地相对应的固定水权面积，即每个农户拥有了明确的初始水权。灌区管理机构是水资源供给的一级核算单位，掌握了灌区范围内的水资源供给的权利。每个村庄的水权面积是按照村庄对水库修建、平田整地的贡献和村庄购买水权来确定的，其中水库建设所获得的水权面积占村庄所有水权面积的比重最大。因此，该县农户按照每户家庭水权面积可以分配到定额的农业水资源，但是由于农户在水权面积确定以后往往存在开荒等行为，农户拥有的实际耕地面积往往超过水权面积，所以农户之间存在不同程度的家庭水资源稀缺状况。

---

❶ 资料来源：张掖市节水型社会试点建设制度汇编。

▌4.1.3　马铃薯产业化背景

　　民乐县内大部分为沿山冷凉区，日照时间长，昼夜温差大，雨热条件与马铃薯生长需求同季、耕地土层深厚、土质疏松、土壤富含钾素和有机质、自然条件非常有利于马铃薯的生长，该县种植的马铃薯中干物质和淀粉含量明显高于全国其他地区，是种植优质加工专用型马铃薯的理想地区，农民群众多年来也一直保持着种植马铃薯的传统。

　　从 2006 年起，县委、县政府提出要发展壮大马铃薯产业，坚持以发展观为指导，以市场为导向、以科技创新为动力，将努力打造"中国马铃薯之都"作为工作思路和奋斗目标，走"产加销一条龙、农工商一体化"的产业化经营之路。按照布局科学化、种植标准化、品种专用化、生产集约化、产品优质化、加工精深化的要求，做大基地、做强龙头、做优产品、创立品牌，力争将民乐县建成全国一流的马铃薯脱毒种薯扩繁基地、商品薯生产基地、马铃薯精深加工基地和马铃薯生产机械化示范地。先后引进脱毒大西洋、克新等高产优质新品种 42 个、重点推广 5 个，建立种植示范点 77 个，大面积推广覆膜种植、机播机收、膜上覆土等栽培技术 9 项。开展机械化种植与收获技术试验示范，2007 年共完成机械化种植面积 4.6 万亩，机械化作业率达到了23%。2007 年全县种植马铃薯达到 11.28 万亩，户均达到 1.9 亩，建成万亩种植乡镇 7 个、千亩种植村 9 个，2008 年达 15 万亩以上。发展目标为到 2012年，全县马铃薯产业总产值达到 28.4 亿元，基地面积达到 60 万亩，总产量达到 168 万 t，加工转化率为 85%，来自马铃薯产业的农民人均收入达到3 850元，占农民人均纯收入的 40% 以上。

　　民乐县坚持大、中、小型并举，以建成全国一流的马铃薯精深加工产业群为目标，建立优势企业为主体，中、小型加工企业为补充的加工体系，形成分工明确、联系紧密、效益凸显的马铃薯产业链和布局合理、设备先进、规模宏大、管理科学的现代化马铃薯产业开发示范群。引进上海百事集团甘肃天拓农业科技开发有限公司，建立了集高新节水、专业化生产和环境保护为一体的 2 000 亩沙漠马铃薯现代化种植示范基地，种植规模实现了新的突破。2007 年与世界排名第四、欧洲排名第二的马铃薯加工企业——荷兰考森·爱味客（Aviko）集团签约成功，和民乐县政府共同组建张掖市最大的外资控股企业——甘肃爱味客（Aviko）马铃薯加工有限公司，成为当地马铃薯产业化龙头企业。为扩张马铃薯加工规模，又通过招商引资建设了恒昌

（3万 t），丰源（1万 t）两个马铃薯精淀粉加工项目，发展航行淀粉厂等小型马铃薯加工企业 6 家，全县马铃薯加工能力达到了 30 万 t 以上。先后引进金秋、三丰、甘宇、绿禾等多家种业公司，长期在县内进行马铃薯繁制种。新建专业批发市场，建设占地 200 亩的马铃薯专业批发市场。支持企业、贩运大户多渠道收购马铃薯，并设立马铃薯规模收购点 27 个，培育购销贩运大户 194 户，乡村两级马铃薯年交易量达到了 15 万 t 以上。成立了凯翔马铃薯收购公司，专门为全粉加工项目收购储存原料。2007 年新建总储量 3.4 万 t 的高标准恒温库 2 座，积极探索多种储存方式，在沿山地区修建山体保鲜库 20 多座，有效地解决了马铃薯储存问题。

同时，该县坚持把提高单产、提升质量、增加收益的支撑放在依靠科技进步上，走科技兴薯的路子。大力推广覆膜栽培技术、节水灌溉技术、病虫害综合防控技术、配方施肥技术、机械种植收获技术，提高马铃薯种植科技水平。并配套改善基础设施，维修改建各类渠道 330km，铺设低压管道 52km，新打机井 235 眼，新建全自动喷灌圈 275 个，规划高新节水灌溉面积 6 000 亩，提高马铃薯扩繁种和种植基地水利设施配套率。

经这些年的不懈努力，民乐县初步形成了集脱毒繁种、基地化种植、规模化加工为一体的马铃薯产业发展格局。

4.2　龙头涉农企业介入概况

随着中国及东南亚马铃薯产品消费市场的逐年扩大，为了开拓成长中的中国和亚洲马铃薯产品市场，荷兰考森·爱味客集团从 2005 年起，先后对中国黑龙江、内蒙古、山西、云南及甘肃等 10 个马铃薯主产区进行了考察分析，最终确定在张掖市民乐县投资。经过张掖市、民乐县政府与荷兰考森·爱味客集团在 2006 年、2007 年多次洽谈沟通，最终于 2007 年 3 月中旬达成合作框架协议，4 月 29 日正式签约，组建了甘肃爱味客马铃薯加工有限公司，计划投资 15 亿元人民币，利用 5～7 年时间建成年产 10 万 t 马铃薯全粉、20 万 t 法式速冻薯条商品薯加工生产线，把张掖市打造成全国最大的马铃薯精深加工基地，确定国内马铃薯加工行业的领先者地位。

一期项目 1.5 万 t 马铃薯全粉生产线总投资 1.5 亿元人民币，由荷兰考森·爱味客集团控股 55%，主要负责马铃薯全粉加工生产设备订购、安装及生产技术指导等工作；民乐政府持股 45%，主要负责马铃薯收购、储存及项目土建施工。在该马铃薯加工龙头企业的带动下，该县成立专业收储组织，以凯翔马铃薯食品工业有限公司为龙头，成立民乐县马铃薯收储公司，在各乡镇成立 10 个分公司，设立收购网点 215 个，形成规范有序、运作灵活的收储贩销网络。组建贩销协会、发动运销大户和多年从事农产品贩销工作的能人牵头，成立马铃薯购销协会。在各乡镇和种植规模较大的村设立分会，壮大贩销力量、规避市场风险、提高贩销能力。

　　龙头马铃薯加工企业在 2008 年正式建成投产，对该地区农业生产外部环境带来了一系列的影响。根据第 2 章中的龙头企业介入对农户生产行为影响的文献综述及第 3 章的理论分析框架中可以看出，农业产业化背景下，涉农企业介入农业生产，带来的不仅是对市场的完善，同时企业与农户的连接方式及地方政府在此过程中的推广作用，共同构成影响当地农户的农业生产外部环境的因素。本节根据研究区域龙头涉农加工企业正式介入前后的 2007 年及 2009 年的概况，描述性统计对该区域农业生产外部环境的变化。

4.2.1　马铃薯销售市场发展概况

　　农业产业化其发展本质是市场化。涉农企业介入很大程度上改善了当地农业市场。首先涉农企业企业的介入完善了销售渠道，扩张了农户将农产品卖给传统批发商或小商贩的单一销售渠道，对当地农业市场的完善弱化了地理区位及交通基础设施对农户种植决策的影响。

　　从研究区域马铃薯产业化发展初期 2007 年农户销售渠道来看（表 4 - 1），商贩上门收购是当地农户出售其马铃薯的主要销售方式，占总销售量的57.1%，而村里统一收购则是第二大销售渠道，农户 24.9% 的马铃薯是通过村里统一收购销售的，只有 12.5% 的马铃薯是通过本地公司销售的，在 Aviko公司引入初期，农户将生产的马铃薯销售给 Aviko 公司的比例相对较少，共占总销售 2.7%，也有小数农户选择自家运出卖给收购部门，这部分比例仅占总销售的 2.8%。当 Aviko 公司正式建成投产之后，该地区农户马铃薯的销售渠道发生了很大的变化，商贩上门收购的比例急剧下降到 18.8%，村里统一收购的比例也明显下降，占销售总量的 12.0%，农户生产的马铃薯大部分都开始销售给公司，共占总销售的 65.6%，其中 Aviko 公司收购的比例占 55.6%，本地公司收购的比例占 10.0%，而自家将马铃薯运到市场的销售量占总销售量的 3.6%。再将马铃薯品种细化分析其销售渠道可以看出，大西洋马铃薯在

2007 年主要是销售给商贩，占总销售量的 80.0%，而在 2009 年 Aviko 公司正式建成之后，Aviko 公司成为农户主要的销售渠道，超过一半的大西洋马铃薯（54.2%）是通过 Aviko 公司销售。克新马铃薯在 2007 也主要依靠商贩上门收购，占总销售量的 49.3%，在 2009 年大多数农户选择将克新马铃薯销售给 Aviko 公司，占总销售量的 59.1%。而普通马铃薯在这两年都是以商贩上门收购为主，Aviko 公司的引入对其影响不大。

表 4-1　马铃薯销售渠道销售比例

品种	年份	商贩上门收购	村里统一收购	Aviko 公司	本地公司	自家运到市场
大西洋	2007	80.0	14.1	0	5.9	0
	2009	22.9	20.0	54.2	1.1	1.8
克新	2007	49.3	28.4	3.5	15.2	3.6
	2009	13.1	10.5	59.1	13.0	4.2
普通	2007	88.3	10.9	0	0.7	0
	2009	96.0	4.0	0	0	0
马铃薯加总	2007	57.1	24.9	2.7	12.5	2.8
	2009	18.8	12.0	55.6	10.0	3.6

对市场化衡量的一个重要指标则是农产品的商品率。农户通过市场导向生产和销售农产品，提高农产品商品率由此增加收入。通过农户调研数据分析不同种类马铃薯在龙头涉农企业介入前后两年的商品率，可以发现（表 4-2）：大西洋马铃薯相对其他两种品种商品率较高，在 Aviko 马铃薯加工公司正式建成后，商品率更是从 2007 年的 71.06% 增加到 2009 年的 82.76%，克新马铃薯商品率在这两年也有显著上升，从 55.57% 上升到 75.61%，而普通马铃薯商品率略有下降，从 61.99% 下降到 59.19%。马铃薯的商品率随着马铃薯产业化的发展迅速增加，总的商品率从 2007 年的 59.07% 增加到 2009 年的 76.96%。随着马铃薯产业化的发展，龙头涉农加工企业正式介入后，农户对马铃薯的种植已经逐渐不仅限于自己家消费，生产的大部分马铃薯通过不同的销售渠道在市场出售，成为农户增加收入的一个重要手段。

表4-2　马铃薯商品率　　　　　　　　　　　　　　　　单位:%

年份	大西洋	克新	普通	马铃薯加总
2007	71.06	55.57	61.99	59.07
2009	82.76	75.61	59.19	76.96

从各类马铃薯的平均收购价格来看（图4-1），自2006年研究区域提出发展马铃薯产业化，大力推广马铃薯种植之后，马铃薯的收购价格一直处于上升趋势，平均价格从2006年的0.28元人民币上升到2009年的0.36元人民币。其中，大西洋马铃薯和普通马铃薯的价格略要高于克新马铃薯，克新马铃薯的价格相对较为稳定，大西洋马铃薯和普通马铃薯的价格则呈明显上升的趋势。

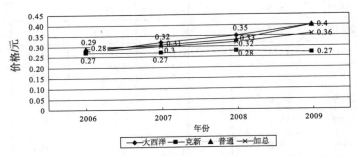

图4-1　马铃薯销售价格趋势图

从研究区域马铃薯销售渠道、商品率以及市场价格的分析可以看出：甘肃省民乐县马铃薯产业化的发展，特别是在 Aviko 龙头加工公司正式建成后，马铃薯的商品率显著提高，特别是大西洋及克新品种；马铃薯的销售价格也一直呈上涨趋势；且 Aviko 龙头企业代替商贩成为大西洋和克新品种的主要销售渠道。

4.2.2　涉农企业与农户连接模式

"涉农企业＋农户"经营模式能否有效运行很大程度上取决于如何将两者连接起来，两者之间合理的对接是产业化可持续发展的必然要求。但由于涉农企业和农户各自作为独立的经济主体，分别以追求利润最大化为目标，因此在推进农业产业化的具体实践过程中经常出现农户与涉农企业由于合作关系紧张而无法运行下去的现象。

农业产业化的核心是实现产供销一体化的经营模式，将涉农企业和农户之间的连接形式通常有三种，即松散型、半紧密型和紧密型（孙新章，2005）。松散型的连接方式中，涉农企业和农户之间是一种简单的商品买卖关系，主要通过市场连接，双方都承担着较大的不确定风险，在市场价格上涨的情况下，农户更倾向直接在市场销售，而不愿把商品出售给涉农企业，而在市场价格下跌的情况下，涉农企业又因为销路问题而不愿收购农户种植的产品，两者交易非常自由，没有任何约束关系。紧密型的连接方式是指通过合约关系，股份制关系、股份合作制关系等约束关系将企业和农户连接成风险公担、利益共享的共同体，涉农企业负责筹集资金，提供生产、技术、销售等过程的全程服务，农户则按照企业要求生产，并参与企业最后的利润分配，从生产上实现规模经营，也降低了单个农户进行交易的成本。半紧密型介于两者之间，往往由涉农企业与农户签订合同协议，向农户提供技术、资金和生产管理方面的支持，涉农企业按照协议约定的价格收购农产品，但是这种合作关系也是以市场交易为主，农户只能获得出售农产品的收益而分享不到企业相关产业经营的利润，且其双方机会主义行为难以避免，经常出现违约现象而导致合作关系不稳定。

通过在研究区域的实地调研发现，该地区"涉农企业＋农户"的发展模式基本属于松散型连接方式，涉农企业与农户之间主要是通过市场关系连接。在调研的 259 户农户中，2007 年仅有 20 户和马铃薯加工公司签订了种植协议。涉农企业与农户种植协议签订的比例低，一方面是由于订单农业中涉农企业往往倾向于种植大户签订协议，而将分散的小农户排除在外；而另一方面也有农户认为签订协议并不能对他们的生产及销售风险有所保障而不愿意签订协议。签订协议农户描述其签订协议的主要原因往往包括涉农企业协议中可以先提供种子后扣款、有质量保证的约定，提供技术支持或培训，并有保护价格。但是这 20 户农户中并没有一个农户觉得协议签订的十分有用，只有 7 户评价协议较好，而 9 个觉得有点作用，而其余的 4 户农户觉得根本没有任何作用。因此，在 2009 年这 259 户农户中，仅有 11 户签订有马铃薯种植协议。认为签订协议没有作用的主要原因是协议中的最低价格并没有得到保障，且多数农户认为由于大西洋新品种的技术培训并没有很好落实，其产量和质量并没有推广宣传时那么好。除了这些极少的农户有和涉农企业签订种植协议外，其他的农户和涉农企业都是完全通过市场价格竞争产生交易，实际上涉农企业和农户之间主要是一种自由买卖的关系，企业随行就市收购马铃薯，并没有分担农户任何的经营风险，虽然农户通常可以通过涉农企业扩大了农产品的销售渠道，但是其生产与销售风险完全由自己承担。事实上，由于2007年是民乐县少有的丰水年，过多的降雨导致大多数农户马铃薯种植的产量及质量都受到了影响，除了对自然灾害没有相应的应对措施，且对马铃薯特别是大西洋品种的种植技术推广也远不够，两年调研中农户普遍反应马铃薯的收成不好，且个头小，而涉农企业在收购时限定标准，对过小的马铃薯不予收购，这很大程度上损失了农户的利益，导致农户丧失了对马铃薯种植的积极性。

另外，通过农户对涉农企业的评价可以发现，259户农户中有141户（54.0%）表示根本不了解（甚至部分农户表示不知道）该地区的马铃薯加工公司，只有56户（21.5%）觉得Aviko马铃薯加工公司值得信赖，其信赖的主要原因是国外的公司知名度高且有资金支持。而25户（9.6%）的农户认为本地加工公司值得信赖（包括丰源、恒昌及有年等马铃薯加工公司）其主要原因是农户认为本地加工公司服务态度好，收购标准比Aviko公司低。而剩下的39户（14.9%）认为这些涉农企业都不值得信赖，表示企业收购价格低，质量要求严格，且销售过程较烦琐，不如直接卖给商贩。

可以看出，研究区域"涉农企业+农户"的经营模式由于连接机制十分不完善，涉农企业与农户之间的连接方式过于分散。这种过于分散的合作关系导致该区域农户参与马铃薯产业化的过程中出现以下几个问题：

（1）新品种的推广与技术培训不配套。该区域大西洋新品种的引入促进农户选择这种新品种的种植，但相应的技术培训却并没有完全配套。农户"一家一户"的经营方式过于分散，也对涉农企业或技术推广人员对技术培训造成了一定困难。由于对技术培训的不到位及对自然风险没有相应的应对方法，导致在2007丰水年因降水过多，部分农户种植的马铃薯烂在田里，产量和质量都没有达到预期目标，这是导致农民种植马铃薯积极性降低的一个重要原因。

（2）涉农企业和农户间缺乏的风险分担机制。虽然如果市场价格上升时，农户可能选择将马铃薯直接在市场出售，涉农企业也将承担一定的收购风险。但由于农产品生产的风险性较大，往往面临着生产和销售的双重风险，当农户生产或销售风险出现时，则完全由其自己承担，农户在市场中的弱势地位决定了其利益更加容易受到损害。研究区域由于大西洋这种新品种的初期推广，其种子和技术推广并没有十分完善，很多农户反映其产量和质量都非常不理想，而涉农企业在收购时对这种风险完全没有任何承担，依然按照市场标准收购马铃薯，压低马铃薯收购价格，且不收购过小的马铃薯，这也导致农户对马铃薯的种植积极性的降低。

（3）农户在市场交易中处于弱势地位，对涉农企业信赖度低。从农户对涉农企业主观信赖度来看，大多数农户对涉农涉农企业根本不了解，有所了解的农户中1/3的农户选择不信赖任何涉农企业。由于研究区域小规模分散经营的农户签约率很低，涉农企业往往更青睐于和大规模种植大户签订种植契约，将小农户排除在外。而从为数不多的签订种植协议的农户来看，几乎没有对协议表示非常满意的。可见农户与涉农企业交易的过程中，由于农民在市场谈判中处于弱势地位，其利益受损却没有任何保障，农户马铃薯的种植没有得到预期的收益，这都导致了对马铃薯种植积极性的减弱。

4.2.3 政府推广与优先灌水政策

农业产业化过程中，政府往往起到引导、协调及服务的功能（雷俊忠等，2003）。甘肃省民乐县政府为了壮大马铃薯产业，发展当地农业经济，招商引资，与荷兰 Aviko 马铃薯加工公司签约，将其发展为当地龙头加工企业。

为满足该公司对淀粉含量较高的大西洋马铃薯品种的需求，在推广马铃薯种植的同时，该地政府更是大力推广大西洋品种的种植。为稳步扩大全县马铃薯种植面积，建立专业化、规模化马铃薯生产基地，提高马铃薯的商品率，确保龙头企业加工原料需求，进一步加快民乐县马铃薯产业的发展，积极制定优惠政策，吸引国内外知名企业投资马铃薯种植开发，民乐县从良种补贴、灌溉用水、土地整理等方面积极制定了一系列马铃薯种植的优惠政策。该县为做大做强马铃薯产业，每年都根据实际情况制定完善《马铃薯种植优惠政策》，从种子调运、良种补贴、灌溉保障、农机具补贴、技术指导、信贷支持6个方面对良种繁育和订单加工专用薯基地建设进行政策扶持，对农户购置的马铃薯种植、收获农机具最高给予50%的资金补助。同时，各乡镇也制订相应的优惠政策，对连片种植面积较大的村组优先安排通村道路、水利建设、土地整理等基础设施建设项目，并通过倾斜农资贷款、统一供种等多条激励措施，有力推动了种植任务的落实❶。而为了推广大西洋新品种的种植，根据大西洋品种的需水特征，调整其灌水时间，并对连片种植一定面积

---

❶ 资料来源：《民乐县人民政府关于2010年马铃薯产业发展的实施意见》。

的生产基地，由水务部门核实面积，给予适时适量保灌。

在研究区域可以发现地方政府对农户种植选择起到很大的决定作用，从表 4 - 3 中可以看出，151 户（58.3%）农户认为自己可以独立决定种植结构，而其他农户则认为其家庭种植结构应该由地方政府（包括村委会、村民小组或用水者协会）决定，其中 16 户（6.2%）农户认为自家的种植结构完全由地方政府决定，92 户（35.5%）农户认为自家的种植结构由户主与地方政府共同决定。而在马铃薯推广过程中，188 户（72.0%）农户说明自家马铃薯种植是由政府要求一定种植的。

表 4 - 3   农户种植结构决定主体

项目	户主	地方政府	户主与地方政府	总户数
户数/户	151	16	92	259
比例/%	58.3	6.2	35.5	100

由于张掖市是我国第一个节水型社会建设试点。在此背景下，民乐县按照"总量控制、定额分配"的方式配水：由灌区管理机构及其下属各个水管所召集各用水者协会负责人、县水务局领导等召开分水大会，根据历年的来水量和当年的降雨量，预测当年的可能来水量，通过分水大会来确定各村的具体放水时间、配水比例、浇水轮期等。用水者协会根据分水大会指示，由各个农户上报的水权面积确定各个用水者的供水量及灌溉顺序（刘涛，2008）。当地政府为了稳定扩大大西洋马铃薯的种植面积，建立成专业化、规模化的生产基地，从 2008 年开始对连片种植面积达 100 亩以上的大西洋马铃薯实施优先配水的政策，即将分配到各用水者协会的总水量中扣除大西洋马铃薯的所需灌水，以保障大西洋马铃薯的充足灌水，再将剩余的水资源按照水权面积向各个农户分配。在这种制度下，一些村庄按照渠系分布的区位特征，将农户的农田征收连片承包给种植大户，以获得优先配水权，一些在连片周边的农户有的则并没有将田块流转给政府，而是自己将种植作物改为大西洋马铃薯，同样也可以享受到对大西洋的优先灌水❶。但是由于连片种植马铃薯不仅涉及渠道分布，更需要对土地进行流转以达到规模化的种植，此时以土地集体所有制为主的微观产权不明确则严重制约着农业产业化规模化的

---

❶ 在调研的农户中并没有涉及连片种植大户，部分农户由于自己的土地地处连片种植周边而选择种植了大西洋马铃薯。

发展（孙静静等，2002）。由于农村土地制度中产权界定不清、土地流转受阻使得连片规模化种植存在一定的困难性。在调研的 21 个村庄中，只有 3 个村庄（三堡村、张满村、大王庄）分别连片种植了 400 亩、160 亩、300 亩大西洋，因此享有优先灌水的权利，而相应的这三个村庄的农户对马铃薯产业化的发展也相对更为了解，其马铃薯的种植、特别是大西洋品种更为普遍。

4.2.4 农户马铃薯种植概况

通过 2007 年及 2009 年两年 259 户农户马铃薯及各品种种植选择决策具体分析可以看出（表 4－4）：马铃薯种植户数有所增加，从 2007 年的 203 户（77.8%）增加到 2009 年的 226 户（86.6%），但是其总种植面积有所减少，从 293.2 亩减少到 243.7 亩，户均种植面积也由 1.44 亩降低到 1.07 亩。其中，大西洋马铃薯这种新品种的种植面积显著增加，从 26.3 亩（9.0%）增加到 64.5 亩（26.5%），且大西洋马铃薯的种植更为普遍，种植的户数从 23 户（8.8%）增加到 73 户（28%），但是其户均种植面积也有所下降，2007 年的户均种植面积为 1.14 亩/户，2009 年仅为 0.88 亩/户。克新和普通马铃薯的种植面积、种植户数及户均种植面积都有所减少，其种植面积分别从 220.4 亩（75.1%）和 46.5 亩（15.9%）降低到 164.9 亩（67.6%）和 14.3 亩（5.9%），种植户数分别从 154 户（59.0%）和 45 户（17.2%）降低到 142 户（54.4%）和 29 户（11.1%），户均种植面积也分别从 1.43 亩和 1.03 亩降低到 1.16 亩和 0.49 亩。而最后在调研问卷中涉及农民在 2010 年是否继续种植马铃薯时，226 户 2009 年种植了马铃薯的农户中有 25 户（11%）表示没有再种植马铃薯。

表 4－4 马铃薯种植面积及户数

年份	项目	大西洋	克新	普通	总计
2007	面积/亩/面积占比/%	26.3/9.0	220.4/75.1	46.5/15.9	293.2/100
	户数/户/农户占比/%	23/8.8	154/59.0	45/17.2	203/77.8
	户均种植面积/（亩/户）	1.14	1.43	1.03	1.44
2009	面积/亩/面积占比/%	64.5/26.5	164.9/67.6	14.3/5.9	243.7/100
	户数/户/农户占比/%	73/28.0	142/54.4	29/11.1	226/86.6
	户均种植面积/（亩/户）	0.88	1.16	0.49	1.07

通过该地区马铃薯产业发展，特别是 Aviko 龙头企业正式引入之后，农户对马铃薯及各品种的种植选择行为描述性分析可以看出：该区马铃薯产业化的发展并没有促进农户选择大规模种植马铃薯，马铃薯总体种植面积有所减少，新品种的推广使得大西洋品种的种植更为普遍，种植面积及户数都有显著增加，但是户均种植面积在一定程度上略有下降。克新及普通马铃薯这两种品种的总种植面积及户数都有所减少，户均种植面积下降显著，而部分农户选择在下一年不再种植马铃薯。研究区域马铃薯产业化对规模化的马铃薯种植并没有得到很好的推广，马铃薯虽然其种植户数有所增加，但是农户种植马铃薯的积极性并不高，各类马铃薯品种的户均种植面积都存在减少的现象。

4.3　本章小结

自 2006 年甘肃省民乐县提出打造"中国马铃薯之都"的口号之后，逐步开始实现马铃薯产业化，在 2008 年正式引入荷兰 Aviko 马铃薯加工公司这个龙头企业之后，该地区的马铃薯产业化发展逐渐趋向稳定。通过随机抽样调研的农户对马铃薯种植的决策选择可以看出，种植马铃薯的户数虽然略有增加，但是种植面积总体有所下降，户均马铃薯种植面积也有所下降。大西洋马铃薯作为在 Aviko 公司引入的开始大力推广的新品种，其种植户数与种植面积在 2009 年都有显著增加，但是其户均种植面积相对 2007年反而有所减少。克新与普通马铃薯这两种品种在种植户数和种植面积上都有下降，户均面积也显著低于 2007 年。通过对该地区涉农企业介入后对农业市场、企业与农户连接方式及政府在其中所起推广作用的概况分析，可以得出以下结论：

（1）涉农企业的引入完善了马铃薯市场。研究区域涉农企业介入之后，各类马铃薯品种的商品率都有所上升，且马铃薯收购价格一直呈上升趋势，Aviko 加工公司为该地区农户提供了新的销售渠道。

（2）"涉农企业＋农户"连接方式过于分散。农户在生产及销售环节中都存在很大的风险，而涉农企业对农户生产及销售中的风险没有任何承担机制。农户在产业化发展中处于弱势地位，涉农企业在与农户签约时将小农户排除在外，大多数农户对涉农企业并不了解，且对涉农企业非常不信任。

（3）政府在推广马铃薯种植过程中起到很大作用。研究区域大多数农户认为自己的种植结构受地方政府干预，且超过一半的种植了马铃薯的农户说明自家的马铃薯是由政府要求种植的。当地政府对连片大西洋马铃薯的种植实施优先灌水权，这种稀缺资源的优惠政策促进了部分村庄进行土地流转实现连片以获得优先灌水，在周边具有地区优势的农户也会选择种植大西洋马铃薯。

第**5**章

涉农企业介入对农户种植选择行为的影响

我国西北地区土地资源丰富、山地垂直带分异明确，较大的昼夜温差和集中的热量供给十分有利于特色农作物的生长（郜庆炉等，2002）。但由于西北大部分为干旱半干旱地区，降水稀少，其经济和环境可持续发展面临的首要问题便是水资源不可靠供给及水土资源不合理开发利用（林奇胜等，2003）。西北地区农业产业化的发展在有资源优势的同时又受到稀缺资源的制约。作为一个完整的产业系统，农业产业化是以提高经济效益为发展宗旨（牛若峰，1998）。由于对该区域资源约束性认识不足，产业选择不当，资源开发过程中可能会对水土资源利用不合理而产生了水土流失、干旱缺水、荒漠化等一系列生态经济问题（王克林等，1998）。政府为保障农业产业化制定的一系列优惠政策中往往也过多的考虑到经济效益，忽视了对自然资源的保护。因此，西北部地区发展特色农业产业化的同时，也应充分考虑到对稀缺资源的合理利用。立足本地自然资源优势，实行区域布局，专业化生产，将主导产品逐步发展为当地农业支柱产业，调整种植结构，发展特色农产品产业化不仅是促进该地区农业经济的重要途径，也是促进西部干旱地区水土资源合理配置的重要方向。

涉农企业介入农业生产带动农户将当地优势农产品发展为主导产业，提高了农产品的竞争优势和市场占有率，在此过程中通过促进农户的种植结构调整，实现农业的规模化和专业化。农户作为农业产业化发展过程中重要的载体，其发挥的作用对涉农企业的成功进入有着至关重要的作用。但是由于长期小农生产习惯及农民在农业市场中的弱势地位，农民对参与产业化生产存有一定顾虑（姜福祥，1999），且受生产投资多样性、采用生产技术现实性和生产经营行为不可分性等方面的影响，农户进入农业产业化时也可能存在一定的"滞后性"（康云海，1998）。政府在此过程中也可能出现服务错位的现象，在不了解市场行情的情况下，强制农户改变经营品种及经营方向，会导致挫伤农户的生产积极性（唐友雄，2009）。如何将分散的小农生产发展走向市场经济成为目前农业产业化过程中遇到最主要的障碍（杨欢进等，1998）。

本章从甘肃省民乐县马铃薯产业化为例，首先分析该区域涉农企业对马铃薯，特别是大西洋新品种的推广对农户种植结构调整的影响概况；通过测算各类农作物综合比较优势判断该区域水土资源配置现状，分析马铃薯及大西洋新品种的推广是否优化了水土资源配置；最后探讨如何通过涉农企业介入带来的市场、政府及企业与农户连接关系等一系列外部生产环境影响因素提高农户种植主导产业的积极性，并通过种植结构调整实现水土资源的优化配置。

5.1 种植结构调整与水土资源优化配置

西北地区农户种植结构调整是实现水土资源优化配置的重要措施之一（王国辉，2006）。农业产业化的发展根据当地自然条件，因地制宜，将特色农作物发展为主导产业，促进地区的种植结构改变，很大程度上重新配置了水土资源。本节首先描述统计研究区域马铃薯产业化的发展农户种植结构调整概况，并通过水土资源优化配置原则分析农户种植结构的调整是否优化水土资源配置，判断产业化的发展在以提高经济效益为宗旨的基础上，是否合理优化配置水土资源。

5.1.1 农户种植结构调整概况

民乐县地处祁连山北麓，县内大部分为沿山冷凉区，日照时间长，昼夜温差大，雨热与马铃薯生长需求同季、耕地土层深厚、土质疏松、土壤富含钾素和有机质、自然条件非常有利于马铃薯的生长，该区农民群众多年来一直保持着种植马铃薯的传统。2006年民乐县委、县政府提出了发展壮大马铃薯产业，坚持以发展观为指导，以市场为导向、以科技创新为动力，努力打造"中国马铃薯之都"的工作思路和奋斗目标，招商引资多家马铃薯种业、加工、收购公司，走"产加销一条龙、农工商一体化"的产业化经营之路。

2007 年起该县引入欧洲 Aviko（爱味客）马铃薯加工公司，专门从事淀粉（全粉）加工，发展成为当地龙头加工企业。为了满足各加工公司对马铃薯的需求，该县全面推广马铃薯的种植，2007 年以种植克新品种为主，本土品牌为辅。由于 Aviko 公司需求淀粉含量更高的大西洋新品种马铃薯，在 2007 年推广初期也有少量农户尝试种植大西洋品种，而 2008 年该公司正式建成投产后，该区域农业产业化正式走上稳定的发展。为加快该地区马铃薯产业化的发展，特别是大西洋新品种的规模化种植，该县根据大西洋需水时间调整了灌溉轮次，此外对连片种植达到一定面积的大西洋实施优先灌水的政策，即在其他作物定额配水的同时，保证连片种植的大西洋新品种可以获得适时适量的灌溉。

马铃薯产业化的发展影响了农户马铃薯种植决策的同时也改变了该区域整个种植结构。除马铃薯种植之外，大蒜、中药、制种都是该地区特色农作物。民乐紫皮大蒜以个大瓣肥、汁多辛辣、风味醇厚、营养丰富而享誉全国大蒜市场，曾先后荣获"首届农业博览会金质奖"和"中华老字号"产品等称号。制种业（包括玉米制种、小麦制种、油菜制种及马铃薯制种等）是农民增收致富的另一个主导行业，且由于制种需水较少，还可以在一定程度上缓解全区农作物的灌水矛盾。此外，中草药也是该区另一种重要的农作物。因此，粮食作物、油料作物以及马铃薯、大蒜、中药、制种特色作物共同构成该地主要的种植结构。

在民乐县马铃薯产业化发展引入龙头加工企业前后的 2007 年及 2009 年对民乐县随机抽样选取 21 个村进行问卷调查，获得有种植行为的 259 户农户两年面板数据。根据这 259 户农户在马铃薯产业化发展初期及龙头加工企业引入后其种植决策的变化，分析该区马铃薯产业化发展，特别是龙头加工企业的引入后农户种植结构调整情况。农户这两年种植结构面积总体概况见表 5 - 1，可以看出：从各个作物种植面积及比例来看，大麦、小麦、油菜、马铃薯的播种面积排在前四位，是该地区的主要种植作物。再分析两年种植结构调整情况，粮食作物（包括大麦、小麦、玉米及豆类）种植面积占总种植面积的比例有所减少，从 2007 年的 71.01% 下降到 2009 年的 67.05%。油料作物（包括油菜、胡麻及葵花）及当地特色作物（大蒜、中药及制种）种植面积占总种植面积的比例都略有增加，分别从 2007 年的 12.35%、8.60% 增加到 2009 年的 14.28%、10.59%。马铃薯（包括大西洋品种、克新品种及普通马铃薯）种植比例总体有所下降，从 2007 年的 6.49% 下降到 5.81%，其中，克新及普通马铃薯种植面积都有所下降，但是大西洋新品种马铃薯的总种植面积显著上升，从 2007 年的 0.58% 上升到 2009 年的 1.29%。2007 年及 2009 年总种植面积不等，是由于农户之间存在土地流转、土地开荒或抛荒等行为。

表 5-1 农户种植结构调整概况

作物种类		2007 /亩	2009 /亩
粮食	大麦	1786.3	1854.5
	小麦	1194.3	1307.0
	玉米	178.9	145.3
	豆类	50.5	49.9
油料	油菜	478.4	587.4
	胡麻	70.8	105.7
	葵花	9.0	22.0
马铃薯	大西洋	26.3	64.5
	克新	220.4	164.9
	普通	46.5	14.3
特色	大蒜	20.3	12.0
	中药	126.4	98.3
	制种	242.2	419.7
其他		70.4	161.2
总面积		4520.7	5006.5

5.1.2 水土资源优化配置原则

资源利用边际效益相等是资源最优配置的唯一原则（Roger et al.，2002），当资源利用的边际效益相等时，则可以保证整体资源利用效益最大化，否则资源将在不同作物间流动，存在帕累托改进空间。由于现实中很难实现资源边际效益相等的均衡状态，因此资源利用的比较优势则是优化配置的基本方向。不同农作物具有不同的产出量，资源配置效率在不同作物上有很大差异，因此，首先通过边际效益是否相等来判断资源是否达到最优配置，再通过资源利用比较优势判断主导产业的发展是否符合资源优化配置。

5.1.2.1 资源最优配置原则

假定某一个农户配有一定量的土地资源，在水资源稀缺地区，其配水量也是一定的。为简化理论分析，再假定可以将有限的水资源及土地资源在 A 和 B 这两种作物之间进行配置，通过边际收益和边际成本图（图5-1）可以看出：MR 表示将水/土资源配置给作物 A 的边际收益，MC 则表示将水/土资源配置给作物 B 的边际收益，也是可以理解为种植作物 A 的机会成本。因此，当 $MR = MC$ 时，即水/土资源配置给这两种作物时其边际收益相等，此时水/土资源在两种作物之间的配置效率达到最优，此时配置均衡点为 Q。

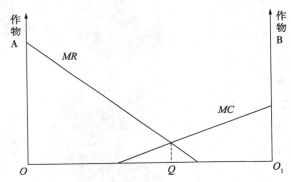

图 5-1　水/土资源在不同作物之间最优配置

可以通过数理推导阐述水/土资源在不同农作物之间的配置效率：

$$F = f\ (W_1,\ W_2,\ \cdots,\ W_j;\ X;\ Y) \qquad (5-1)$$

$$\text{s. t.}\ \ W_1 + W_2 + \cdots + W_j = W$$

$$W_j \geqslant 0;\ j = 1,\ 2,\ \cdots,\ i$$

其中 F 为农户生产函数，W_j 为不同农作物的灌水量（或土地面积），X 是其他可变投入，Y 是其他所有不变投入之和。构建拉格朗日函数：

$$Z = f\ (W_1,\ W_2,\ \cdots,\ W_j;\ X;\ Y)\ + \lambda\ (W - W_1 - W_2 - \cdots - W_j)\ (5-2)$$

其一阶条件满足：

$$\partial f / \partial W_1 = \partial f / \partial W_2 = \cdots\cdots = \partial f / \partial W_j = \lambda \qquad (5-3)$$

二阶导数等于零。因此，水/土资源在不同作物间均衡的条件是每个作物的水/土资源投入的边际产出相等。现实中，往往存在 $W_1 > W_2$ 的情况，则应通过调整水土资源配置实现帕累托最优配置。

5.1.2.2 比较优势原则

资源利用边际效益相等是资源最优配置的唯一原则，比较优势则是资源配置的基本方向。比较优势理论解释了当一方进行一项生产时所付出的机会成本比另一方低，则这一方就拥有了进行这项生产的比较优势（Glossary，2008）。美国斯蒂格利茨教授把比较优势的决定性因素分为自然禀赋、获得性禀赋（包括优越的知识和资本）及专业化。从农业上来讲，自然禀赋主要指自然资源（土地、气候、水、生物）的丰缺和区位的远近造成自然生产率的高低不同，获得性禀赋是指由于劳动者掌握知识水平的差异或占有资金的差异造成生产率的不同，专业化则是通过节约转换生产任务时间、重复一项工作会更加熟练，以及有利于发明创造这三个方面提高生产率。对农业比较优势的研究有两个方面：一是把农业作为一个产业，研究其在整个国民经济中的比较优势；二是研究单个农产品的比较优势（Anderson，1990）。

由于农业生产本质上是人们为了经济目的，干涉改造和利用生态系统的过程（张大瑜，2005），因此如何利用有限的资源禀赋，按照比较优势进行农作物生产，是实现农业生产资源合理配置的一个重要途径。但值得注意的是，比较优势是一个动态的概念，并不是一成不变的，必须经常对农业生产结构进行调整，才能始终保持农业生产的比较优势。

5.1.3 农作物水土资源优化配置

5.1.3.1 作物间水土资源配置效率测度方法

对配置效率的研究一般根据资源的边际效益在不同部门相等的原则来研究资源配置的效率问题（谭荣等，2005，2006，2007）。由于调研农户中部分作物种植样本量较少，为避免损失过多的自由度，选择 C – D 函数测算农户层面水、土资源对单位面积农地产出的贡献：

$$TP_i = A \times L_{\alpha_1} \times S_{\alpha_2} \times P_{\alpha_3} \times I_{\alpha_4} \times W_{\alpha_5} \qquad (5-4)$$

在式（5-4）中，TP_i 为第 i 种农作物总产量（斤），L_i、S_i、P_i、I_i、W_i 为第 i 种农作物投入的土地（亩）、种子（斤）、劳动力（工）、资金投入（元）及水资源（m³），其中资金投入包括化肥、农药、薄膜及机械所有金钱投入的总和，α_1、α_2、α_3、α_4 为对应的第 i 种作物土地、种子、劳动力、资金投入及水资源生产要素的产出弹性。因此单位面积每种作物水、土资源的边际产出分别为：

$$\text{WMP}_i = \frac{\partial \text{ TP}_i}{\partial \text{ } W_i} = \alpha_5 \frac{\text{TP}_i}{W_i} \qquad (5-5)$$

$$\text{LMP}_i = \frac{\partial \text{ TP}_i}{\partial \text{ } L_i} = \alpha_1 \frac{\text{TP}_i}{L_i} \qquad (5-6)$$

WMP_i 表示保持其他投入不变，增加 1m^3 的水资源投入所带来第 i 种作物的边际产量，由于不同作物的边际产量不具有可比性，为消除价格对农户收益的影响，将边际产出转为边际收益，使得水资源投入对农户不同农作物生产的贡献可比。边际产值等于产品价格水平与要素边际产品的乘积。LMP_i 的涵义与 WMP_i 类似，表示保持其他投入不变，增加 1 亩土地投入带来第 i 中作物的边际产量，为具有可比性，将其乘以农业产品价格换算成边际产值。因此，水、土资源投入量的变动带来的边际产值 WVMP_i、LVMP_i 分别为：

$$\text{WVMP}_i = P_i \times \text{WMP}_i \qquad (5-7)$$

$$\text{LVMP}_i = P_i \times \text{LMP}_i \qquad (5-8)$$

WVMP_i 表示保持其他投入不变，增加 1m^3 的水资源投入所带来第 i 种作物的边际产值。水资源在不同种植作物土地上的最优配置效率应满足：

$$\text{WVMP}_1 = \text{WVMP}_2 = \cdots\cdots = \text{WVMP}_n \qquad (5-9)$$

同理，LVMP_i 表示保持其他投入不变，增加 1 亩土地资源投入所带来第 i 种作物的边际产值。土地资源在不同种植作物土地上的最优配置效率应满足：

$$\text{LVMP}_1 = \text{LVMP}_2 = \cdots\cdots = \text{LVMP}_n \qquad (5-10)$$

5.1.3.2 投入要素描述性统计

根据研究区域调研情况，选取几种种植较为普遍、种植面积较大，且能反映该县种植特色的农作物来测算其边际产值以分析该地区水土资源在不同作物间的配置效率❶，其投入要素描述性统计见表 5-2。

---

❶ 农药虽为该地区较为重要的农作物，但是由于农户种植的中药品种较多，每种中药样本量非常少，且各种品种的重要在价格和产量上不具有可比性，因此并没有对中药作具体分析。制种种类也较多，包括玉米制种、油菜制种、小麦制种、马铃薯制种等，也仅选取样本数较多的玉米制种进行分析。

表 5 – 2　主要农作物投入要素描述性统计

农作物	大麦	小麦	玉米	油菜	胡麻	大西洋	克新	大蒜	玉米制种
土地/（亩/户）	7.76	5.12	3.18	9.80	1.94	1.51	1.40	0.61	12.45
种子/（500g/亩）	60.90	76.98	7.50	5.19	31.04	415.55	390.04	328.77	8.06
劳动力/（工/亩）	8.20	8.68	13.32	9.14	9.82	19.52	15.54	25.30	9.83
资金/（元/亩）	183.95	185.51	234.14	145.25	132.53	335.90	224.87	233.52	227.36
水/（m³/亩）	277.97	303.57	389.17	256.04	247.48	264.39	329.47	220.16	528.84

从农户各类农作物土地投入可以看出，大麦、小麦、油菜是当地种植最普遍，户均种植面积较大的作物，玉米、胡麻的户均种植面积也相对较大，玉米制种虽然户均种植面积较大，但是其种植的农户数相对较少。马铃薯产业化的发展促使大西洋新品种的种植面积迅速扩大，克新土豆种植也相对较为普遍。对大蒜的种植也是以小规模种植为主。

此外，从亩均水资源投入可以看出，粮食作物中大麦的水资源投入量最少，玉米耗水量最多，而油料作物耗水量相近，低于粮食作物；马铃薯的耗水量也相对较少，特别是大西洋马铃薯；大蒜和玉米制种都是需水量较少的作物，但是从农户的水资源投入情况来看，玉米制种的水资源投入反而是最多的。

5.1.3.3　实证结果及分析

根据主要作物的投入产出，利用公式（5 – 4），估计各作物 C – D 生产函数以测算农户层面水、土资源对产出的贡献，通过估计结果可以得出以下结论（表 5 – 3）：

（1）根据水资源投入的估计系数可以看出：如果保持其他投入不变，对每种农作物提高 1% 的水资源投入。粮食作物中大麦、小麦都增加约 4% 的产量，而玉米则可以增加约 6% 的产量。油料作物中，油菜产量可以增加约 3%，而胡麻可以增加 5%。大西洋和克新这两种品种的马铃薯边际产出相对其他作物明显较高，分别可以增加 6% 和 8% 的产量。粮食作物、油料作物及薯类的边际产出都处于递增阶段，增加水资源的投入有利于其产出的增加。而特色作物中大蒜和玉米制种的水资源投入估计系数已为负值，说明保持其他投入不变，增加1%的水资源投入，其产量反而会减少33%和44%，这说明对大蒜和玉米制种的水资源投入已经过多，达到了边际产出递减的阶段，进一步增加水资源投入只会造成产出的减少，水资源投入已存在浪费的现象。

（2）根据土地资源投入的估计系数可以看出：如果保持其他投入不变，对每种农作物提高1%的土地资源投入，粮食作物中，大麦、小麦的产量增加相当，分别约为89%和86%，对玉米产量的增加较高，达到了111%。油料作物中，油菜产量可以增加77%，而胡麻产量可以增加98%。特色作物中，大蒜和玉米制种则分别可以增加91%及70%的产量。大西洋和克新这两种作物边际产出相对其他作物较少，分别增加47%及58%。所有作物的土地资源投入估计系数都为正，说明对土地资源的投入都处在边际递增阶段，增加各作物的种植面积，其产出都将有所增加。

表5-3　主要农作物 CD 生产函数估计结果

项目	大麦估计值 （T值）	小麦估计值 （T值）	玉米估计值 （T值）	油菜估计值 （T值）	胡麻估计值 （T值）
Ln（土地）	0.89 *** (22.94)	0.86 *** (22.39)	1.11 *** (11.85)	0.77 *** (7.70)	0.98 *** (9.84)
Ln（种子）	0.06 * (1.93)	0.06 * (1.93)	0.03 (0.73)	0.05 (1.25)	0.08 (0.87)
Ln（劳动力）	0.03 * (1.76)	0.04 * (1.65)	-0.04 (-0.99)	-0.01 (-0.24)	-0.12 ** (-2.03)
Ln（资金）	0.01 (0.26)	-0.01 (-0.63)	-0.07 (-1.00)	0.17 ** (1.95)	-0.03 (-0.40)
Ln（水）	0.04 *** (6.43)	0.04 *** (5.82)	0.06 * (1.78)	0.03 ** (2.33)	0.05 * (1.80)
常数	6.18 *** (36.25)	6.02 *** (33.98)	7.08 *** (15.50)	4.94 *** (10.45)	5.50 *** (12.54)
Adj - R2	0.90	0.88	0.92	0.89	0.79
F 值	851.66 ***	734.09 ***	225.64 ***	197.70 ***	73.44 ***

续表

项目	大西洋估计值（T值）	克新估计值（T值）	大蒜估计值（T值）	玉米制种估计值（T值）
Ln（土地）	0.47 ** (2.39)	0.58 *** (5.23)	0.91 *** (4.42)	0.70 * (1.96)
Ln（种子）	0.11 (0.70)	0.28 *** (3.53)	0.58 *** (4.75)	0.48 ** (2.13)
Ln（劳动力）	0.21 ** (2.17)	0.13 ** (2.17)	- 0.37 *** (-2.90)	0.22 * (1.78)
Ln（资金）	0.17 ** (2.03)	0.02 (0.35)	0.03 (0.23)	0.16 (0.77)
Ln（水）	0.06 * (1.71)	0.08 ** (1.88)	- 0.33 *** (-3.98)	- 0.44 ** (-2.19)
常数	5.19 *** (5.00)	5.40 *** (9.03)	6.79 *** (6.58)	7.06 *** (4.33)
Adj – R2	0.63	0.70	0.67	0.68
F 值	32.14 ***	136.02 ***	21.66 ***	16.74 ***

注：*** 表示在1%程度上显著，** 表示在5%程度上显著，* 表示在10%程度上显著。

由于不同品种的价格不一样，为了使各种作物的边际产出具有可比性，根据公式（5-5）首先对各种投入要素取平均值，计算出每种作物的产量，在水资源的投入量平均值的基础上，保持其他投入不变，增加 $1m^3$ 的水资源，测算此时产量，通过两个产量相比，得出边际产量，再根据公式（5-7），利用边际产量乘以其农作物的价格，得出水资源的边际产值。同理，根据公式（5-6）及公式（5-8），先测算土地资源边际产量，再利用边际产量乘以其农作物的价格，得出土地资源的边际产值，不同作物水土资源的边际产值见表5-4。

表5-4 主要农作物水土资源边际产值 单位：元

农作物	大麦	小麦	玉米	油菜	胡麻	大西洋	克新	大蒜	玉米制种
WVMP	0.11	0.10	0.12	0.11	0.17	0.18	0.18	- 2.41	- 0.82
LVMP	629.12	577.81	986.82	669.14	688.95	384.56	384.00	1 402.01	721.70

从水资源的边际产值可以看出，粮食作物中大麦、小麦、玉米的水资源边际产值相当，每增加 $1m^3$ 水资源，产值大约增加 0.11 元。油料作物中胡麻的边际产值明显高于油菜，每增加 $1m^3$ 水资源，油菜产值大约增加 0.11 元，与粮食作物的边际产值相当，而胡麻每增加 $1m^3$ 水资源，产值大约增加 0.17 元，与马铃薯边际产值相当。马铃薯大西洋和克新的边际产值相当，每增加 $1m^3$ 水资源，其产值大约增加 0.18 元。特色作物中大蒜和玉米制种的边际产值都负，每增加 $1m^3$ 水资源，产值分别减少 2.41 元及 0.82 元。可以看出，水资源在粮食作物和油菜之间配置相对合理，胡麻和薯类之间配置相对合理，但是从所有作物的水资源配置上看，水资源在各个作物之间的配置并没有达到均衡，胡麻和薯类的水资源投入边际产值显著高于粮食作物及油菜，而大蒜和玉米制种已经为负。

而从土地资源的边际产值可以看出，粮食作物中玉米的边际产值最高，增加 1 亩土地资源的投入，玉米产值大约增加 986.82 元，而大麦和小麦分别增加 629.12 元和 577.81 元，玉米种植所得的边际产值要显著高于大麦及小麦。油料作物油菜和胡麻边际产值相当，增加 1 亩土地资源投入，边际产值分别为 669.14 元及 688.95 元。大西洋和克新的边际产值也相当，分别为 384.56 元及 384.00 元。可见油料作物之间及马铃薯之间的土地资源配置相对合理。而特色农作物大蒜的边际产值在所有作物中最高，增加 1 亩的土地资源投入，产值将增加 1 402.01 元，玉米制种的边际产值也较高，约为 721.70 元。因此，增加大蒜和玉米制种的种植面积会获得最多的边际产值。从所有作物土地资源配置上看来，土地资源在各个作物之间的配置也并没有达到均衡，特色农作物大蒜及玉米制种及油料作物的土地资源投入边际产值相对较高。

通过研究区域主要农作物的水土资源的边际产值可以看出，该地区的水土资源配置并未达到合理，应通过调整各作物水土资源的配置，提高农作物生产的收益，优化水土资源的配置。综合分析可见对水资源的利用除大蒜和玉米制种都处于边际增长阶段，增加水资源投入有利于产值的增长，而大蒜和玉米制种的水资源投入已经过多，存在水资源浪费现象，马铃薯的边际产值最高，水资源应减少对大蒜及玉米制种的投入，更多的配置给马铃薯。而土地资源的利用都处于边际增长的阶段，增加土地资源的投入有利于产值的增长，特色农作物及油料作物的边际产值较高，该区可相应适当减少粮食作物的种植面积，增加特色作物、油料作物，特别是马铃薯的种植。从作物水土资源边际产值可以看出，该区域马铃薯产业化的发展有利于该区域水土资源优化配置。

5.1.4 农作物水土配置比较优势

对农产品的比较优势往往通过货币或能源对各个农作物生产的比较优势进行评价（Odum，1996；孙立新等，2002），由于货币评价中未能考虑资源环境的因素，而能量分析又存在数量上难以评价的困难，且这种方法往往忽略了稀缺资源对农作物生产的贡献。因此学者们通过要素比率分析法对资源利用结果进行分析，如对规模、产量、产值、成本、资源投入等进行分析，包括效率优势指数、生产规模指数、效益优势指数或综合比较优势指数等方法（梁俊花等，2005；罗敏，2010；苏新宏等，2010；Trenbath，1999），其特点是通过资源利用来确定农业产品的比较优势。

由于农业生产过程既受到自然规律的约束，又受到经济规律的制约，因此市场条件驱动下，农户受经济利益的驱动往往会对种植的作物收益进行比较，且充分考虑到西北地区水资源的稀缺性及其对土地资源的限制性，综合经济收益及水土资源投入进行比较，选择综合比较收益高的作物生产。因此，对作物种植的比较优势判断除了其经济收益，更应考虑到水土资源的投入。改进要素效率优势分析法，根据单位水资源投入到单位土地资源上生产出的农产品产值来判断作物生产的比较优势。其计算公式为

$$CA_i = V_i \div L_i \div W_i \tag{5-11}$$

式中：CA_i 为 i 种作物的比较优势，即单位土地资源上投入单位水资源所能生产出的产值；V_i 为 i 作物的产值；L_i 为 i 作物投入的土地面积；W_i 为 i 作物投入的水资源。

根据公式（5-11），计算出研究区域主要种植农作物水土资源利用的比较优势，测算结果见表5-5。

表5-5 主要农作物水土资源利用比较优势

农作物	大麦	小麦	玉米	油菜	胡麻	大西洋	克新	大蒜	玉米制种
CA	2.56	2.28	2.12	3.39	3.04	3.74	2.46	9.96	2.20

由表5-5主要农作物水土资源利用比较优势的测算中可以看出，特色作物中大蒜的比较优势最大，单位水资源投入到单位面积的土地上可以获得

9.96 单位产值，玉米制种的比较优势最小，单位水资源投入到单位面积的土地上可以获得 2.12 单位产值。粮食作物的水土资源利用比较优势相当，却明显低于油料作物。而马铃薯中大西洋品种种植的比较优势也较大，单位水资源投入到单位面积的土地上可以获得 3.74 单位产值，高于克新马铃薯水土资源生产的比较优势。

5.2 涉农企业介入对农户种植选择行为的影响：理论分析

近年来随着农业产业化迅速发展，涉农企业介入农业生产，带动农户将当地优势农产品发展为主导产业，提高了农产品的竞争优势以及市场占有率，在此过程中通过促进农户的种植结构调整，实现农业的规模化和专业化生产。目前一家一户分散的农户掌握着土地等重要的农业资源，作为农业产业化发展过程中重要的载体，农户发挥的作用对涉农企业的成功进入有着至关重要的作用。但是由于长期以来，小农生产习惯及农民在农业市场中的弱势地位，农民对参与农业产业化生产存有一定的顾虑（姜福祥，1999），且受生产投资多样性、采用生产技术现实性和生产经营行为不可分性等方面的影响，农户进入农业产业化时也可能存在一定的"滞后性"（康云海，1998）。

由于农业生产的风险较大，涉农企业在生产、技术等方面服务于农户，降低了农户生产的自然风险，且农户和涉农企业稳定有效的供销关系，降低了农户参与市场的风险。但是由于涉农企业与农户相互作为独立的经济主体，各自以追求利益最大化为目标，如果涉农企业与农户不能有效建立产供销一体的利益联合体，农户固有长期小农传统经济文化的习惯，以及农民在农业市场中的弱势地位往往使得农户并不愿意参与种植结构的调整。而在此过程中，为了发展地方经济引入涉农企业，并带动更多的当地的农户参与到与涉农企业的合作，地方政府能够提供许多方面的包括显性（如政府出面作为收购的中介组织或提供种植优惠补贴）和隐性（如通过宣传等方式大力推广主导产业的种植）的帮助。

可见，形式不一的涉农企业介入农业生产方式及地方政府为之配套的政策，都会对农户的生产经营决策产生影响。本节通过理论分析涉农企业介入后带来市场、企业及政府外部生产环境的变化对农户种植行为的影响，并提出相应的研究假说。

5.2.1 理论分析

农业产业化作为一个完整的产业系统，对农户种植选择决策的影响体现在多个方面。产业化的实质就是市场化，农业市场的发展成为影响农业产业化发展的一个重要因素，农产品商品率、销售渠道以及市场价格都会影响到农户种植选择决策。然而农户在农业产业化发展过程中，其生产行为在一定程度上也受到政府或企业"非市场"的影响（牛若峰，2006）。作为连接农户与市场的重要中介方，涉农企业与农户之间的经营合作关系更是直接影响到农户生产积极性，甚至是影响整个产业化发展的重要方面。而在我国产业化发展过程中，政府通常起着不可或缺的服务作用，作为农业产业化的推动者，一方面可以通过引导或强制的手段保证供给目标的实现；另一方面对产业化的政策支持，往往可以起到很好推动及服务作用。

涉农企业介入农村成为连接农户与市场的重要中介，带动农户实现优势产品的规模化经营，实现产加销一体化生产。受经济利益驱动，市场需求及农作物价格往往是影响农户作物种植选择行为的一个重要因素（梁书民等，2008）。涉农企业介入扩展了传统的销售渠道成为影响农户种植决策的另一因素，研究发现涉农企业的介入首先扩展了农户将农产品卖给传统批发商或小商贩的单一销售渠道，对当地农业市场的完善弱化了地理区位及交通基础设施对农户种植决策的影响（Reaedon et al.，2003；Wang et al.，2006；董晓霞等，2006）。

由于农业生产的风险较大，一方面，涉农企业在生产、技术等方面服务于农户可以降低其生产风险，稳定有效的供销关系又可以有效降低其销售风险，提高农户种植积极性；而另一方面，涉农企业与农户相互作为独立的经济主体，以追求各自利益最大化为目标，如果涉农企业与农户不能有效的建立产供销一体的利益联合体，这将直接影响到农户生产的积极性。由于很多情况下涉农企业与农户主体地位不对称，农户处于被动地位，这种利益连接机制并不稳固，现实中也往往出现由于涉农企业与农户关系紧张而进行不下去的现象（康云海，1998）。如果涉农企业仅通过市场与农户建立简单的商品买卖关系，两者交易自由，没有任何约束，当市场价格上涨的情况下，农户更倾向直接在市场销售，而不愿把商品出售给涉农企业，而当市场价格下跌的情况下，涉农企业又因为销路问题而不愿收购农户种植的产品，双方都存在着较大的不确定风险（孙新章，2005）。而通过合约等形式确定的合作关系，可以帮助农户获得稳定的销售渠道和销售价格，避免市场的风险，涉农企业也可以从与农户的合约中获得稳定的原材料和产品供应。涉农企业与农户主要通过合同建立合作关系，合同收购因具有规避农业经营风险、降低市场交易成本以及解决质量信息不对称性而受到企业和农户的青睐（Boehlje et al.，1998；Hennesy et al.，1996，周立群等，2001）。但是这种合约经常存在违约的可能性，其原因经常是由于农户和企业的市场信息不对称，农户对企业过于依赖以及在市场谈判中处于弱势地位（杜吟棠，2005）。

涉农企业与分散、独立的农户建立稳定的购销关系过程中存在着交易成本过高的问题。我国农业产业化发展过程中，地方政府通常起着不可或缺的推动作用，不仅可以通过引导手段保证供给目标的实现；对产业化的政策支持也可以起到很好推动作用（黄季焜等，2007；Wu et al.，2008）。地方政府及基层的村级组织等能够帮助涉农企业建立与农户的联系，可以降低合约签订、合约执行等方面涉及的成本。并通过创造有利于产业化发展的制度环境或直接介入农业产业化的某一环节来干预农户种植行为以实现涉农企业与农户的稳定合作。因此，涉农企业也可能通过地方政府或者各种农业协会组织将农户组织起来构建成利益一体化的经营关系（杜吟棠，2005）。研究表明，在我国经济较发达的地区，地方政府深度介入土地流转、规模经营，使涉农企业可以从地方政府、村集体手中租入土地，从而可以直接经营土地、雇佣劳动力来从事相关的农业生产，构成了"企业＋中介组织（基地/合作社）＋农户"这种较为紧密联系的经营模式（万伦来等，2010；Reardon et al.，2000）。而在经济欠发达的地区，地方政府虽尽可能更多地帮助涉农企业和农户建立合作关系，但以土地集体所有制为主的农户承包经营权，以及地方政府财力有限、外出务工机会有限等因素严重制约着当地农业规模化和涉农企业加农户模式的发展（孙静静等，2002；何广文，1999）。

上述提到，地方政府介入涉农企业和农户的合作，可能会有助于降低合约谈判、执行等方面的交易成本，但地方政府的干预也使得合约签订或执行变得更为复杂，当政府成为企业与农户的中间组织时，农户无法直接起诉商人，而政府作为中间人，往往出现主观卸责并可能并发腐败现象（刘凤芹，2003；Boehlje et al.，1998）。同时，地方政府也可能出现服务错位的现象，在不了解市场行情的情况下，强制农户改变经营品种及经营方向，导致农户的损失，从而没有起到对当地农产品原料产销的带动作用（唐友雄，2009；沈晓明，2002；林万龙等，2004）。近年来随着地方政府财力的增长和各类支农财政项目等的增加，以及其他与农业基础设施建设等相关项目的支持，涉农企业介入农业生产往往可以得到地方政府直接的补贴或者是各种间接的补贴和政府项目配套，而这些都会有助于涉农企业更快地在当地立足和发展，也可能会有助于和农户建立稳固的合作关系，从而对农户的种植决策产生影响。

综上所述，农户种植决策受到的影响，既可能来自涉农企业介入当地农业生产带来的市场销售渠道的扩大、农户签订的合约形式、涉农企业技术引进等方面的影响，也可能来自在此过程中地方政府发挥的作用，如直接提供的补贴（给涉农企业或者是农户的）及间接提供的配套项目和政策（前文提到的土地整理等基础设施投资等）。因此理解涉农企业对农户种植决策的影响，本章试图将上述提到的涉农企业介入及地方政府在此过程中发挥的作用统一放在一个框架下考虑，希望该分析能够有助于加深对涉农企业介入农业生产对农户种植决策影响的理解。

5.2.2 研究假说

产业化的发展作为一个完整的产业，对农户种植决策的影响是多方面的，包括市场、政府及涉农企业，而其不同发展方面可能对农户种植决策影响不一样，根据文献综述及理论分析，可以得出以下研究假说：

（1）农业市场的完善正向影响农户马铃薯种植选择

农业产业化其发展本质是市场化，对市场化衡量的一个重要指标则是农产品的商品率。商品率的提高说明了该农产品成为该区域重要的经济作物，农户从中可以获得更多收益，农民则可能选择种植该农作物。

（2）地方政府的推广正向影响农户马铃薯种植选择

农业产业化发展过程中，政府对农户种植决策的推动作用十分显著，农户主观认为其种植结构受到政府决定影响，则可能选择种植产业化作物。此外政府为鼓励农户调整种植结构所提供的政策支持，也可能促进农户选择种植产业化作物。作为涉农企业与农户稳定合作关系的重要推动者，政府的促进作用可以有效地带动农民选择主导产业的种植。

（3）涉农企业与农户松散的连接方式负向影响农户马铃薯种植选择

涉农企业与农户的连接方式是影响农户种植决策的一个重要因素，如果涉农企业与农户的连接方式过于松散，农户对企业不信任，不能形成利益一体化的结合体。农户农业生产利益在生产和销售过程中得不到保障，这种松散的连接方式则会负向影响农户的种植决策。

5.3 涉农企业介入对农户种植选择行为的影响：实证检验

5.3.1 估计方法

由于种植结构决策除受到自然禀赋、家庭特征等因素影响，更受到外部生产环境因素的共同作用，为了进一步定量分析和验证上一节对"涉农企业＋农户"这种农业产业化经营模式对农户种植决策影响的理论分析，需要建立基本农户作物选择决策计量模型，其基本模型形式如下：

$$I_{it} = \alpha + \beta A_{it} + \gamma B_{it} + \varepsilon_{it} \qquad (5-12)$$

由于研究区域在发展马铃薯产业化的基础上，大力实施对大西洋新品种的推广，因此选择农户对马铃薯及大西洋新品种种植决策进行深入分析。I_{it} 表示如下：①第 i 个农户在 t 年份是否种植马铃薯，如果 $I_{it}=1$，说明该农户在该年种植了马铃薯，如果 $I_{it}=0$，说明该农户在该年没有种植马铃薯，以此来检验农业产业化对农户种植马铃薯的推广范围；②第 i 个农户在 t 年份种植马铃薯的面积，以此来检验农业产业化对农户种植马铃薯的推广程度；③第 i 个农户在 t 年份是否种植大西洋马铃薯，如果 $I_{it}=1$，说明该农户在该年种植了大西洋马铃薯，如果 $I_{it}=0$，说明该农户在该年没有种植大西洋马铃薯，以此来检验农业产业化对农户种植大西洋新品种的推广范围；④第 i 个农户在 t 年份种植大西洋新品种的面积，以此来检验农业产业化对农户种植大西洋马铃薯的推广程度。

此外，A_{it} 表示涉农企业带来的外部影响因素，包括马铃薯市场变量、政府推广政策变量及涉农企业与农户连接关系变量，而 B_{it} 则表示影响农户马铃薯种植决策的家庭特征因素及自然禀赋特征等其他控制变量，α 为常数项，ε_{it} 为模型残差项，β、γ 表示估计参数，其中 β 是研究关注参数，表示涉农企业介入对农户马铃薯及大西洋新品种种植决策的影响。

具体模型的选择取决于研究对象，可以看出，模型的被解释变量为农户的种植决策分为两步，第一步决定是否种植马铃薯或者大西洋品种，第二步才决定种植马铃薯面积或者大西洋品种面积。由于有农户并没有种植马铃薯或者大西洋新品种，因此数据是删失数据（Censored Data），对于这种数据，如果采用 OLS 模型得到的估计量是有偏的（Wooldridge，2002），而如果根据有些学者采用截尾回归（Truncated Regression）的方法（Gebremedhin et al.，2003），将没有种植的农户删除，这样可能导致大量的信息损失（朱喜等，2010）。综合考虑到影响农户是否种植及种植面积的因素可能存在差异，采用多数研究所采用的 Probit 模型和 Tobit 模型分别对农户是否种植以及种植面积进行检验（Gebremedhin et al.，1996；Jackoby et al.，2002）。

由于本书的被解释变量有两个：①农户是否种植马铃薯或大西洋品种，只有两个不同的取值，即二元选择模型，选择 Probit 模型作为分析农户是否种植的估计模型。②在农户选择种植马铃薯或大西洋的面积，没有种植的农户其值为 0，因此进行估计时采用受限因变量的 Tobit 模型。Tobit 模型是 Probit 模型的一个拓展，以马铃薯种植为例，对因变量不仅想知道种植或是没有种植，还要分析对其种植面积，这样如果一个农户没有种植马铃薯就得不到种植马铃薯面积的数据，仅对观察有信息量的样本叫截取样本，Tobit 模型就是针对这种截取样本的，因而也叫截取回归模型，或者限值因变量模型（胡咏梅，2010）。Tobit 模型能够弥补普通最小二乘法回归出现的参数估计有偏和不一致的不足。

5.3.2 变量选择

由于我国长期以来计划经济的实施及农业市场的封闭，农户作物生产以自给自足为主，农户往往主要考虑的是满足家庭食物的需要。而随着市场经济的发展，粮食市场及劳动力市场的开放导致农户资源分配和生产目标发生重要变化（赫海广等，2011；Brauw et al.，2004）。已有研究对农户种植结构选择行为的影响因素分析往往侧重考虑自然因素，包括灌溉条件、土壤条件、水资源稀缺程度及气候条件等（李玉敏等，2009；Seo et al.，2008；邓振镛，2006）；以及家庭内部特征，包括户主年龄、受教育程度、家庭财产、耕地面积、劳动力结构等（Greig，2009；史清华，2005；Liu，2000）；而对农户种植行为影响的外部因素则侧重于农村信贷市场（Kurosaki，2002；Dercon，1996）以及非农就业（向青等，2000）。很少研究关注涉农企业介入如何通过对当地市场发育的影响、通过地方政府制定的相应政策而影响到农户的经营决策。

因此，为试图进一步分析农户作物种植选择机制，本书在选取农户户主特征、家庭特征及自然资源禀赋的基础上，引入农业产业化带来的市场、政府及涉农企业外部环境影响因素，建立农户作物选择模型，解释研究区域涉农企业介入对其种植决策的影响。对具体农户马铃薯种植行为影响因素及预期方向见表5-6。

表5-6 农户马铃薯种植行为影响因素及预期方向

变量名		变量解释	预期影响方向
控制变量			
户主特征	年龄	户主实际年龄	+ / -
	受教育年限	户主实际受教育年限	+ / -
	非农就业经验	有非农就业经验为1，没有为0	+ / -
	是否为领导	是领导为1，不是领导为0	+
家庭特征	农业劳动力	农户家庭从事农业劳动力数量	+
	非农打工收入	农户家庭总的非农打工收入	-
	存款级别	1 = 0；2 = 0 - 5 000；3 = 5 000 ~ 10 000；4 = 1 - 15 000；5 = 15 000 - 50 000；6 = >50 000	+
	贷款	农户家庭向银行或信用社贷款数额	+
自然禀赋	耕地面积	农户家庭总的耕地面积	+
	地块数量	农户家庭总的地块数量	+ / -
	水资源稀缺性	水权面积/家庭土地总面积	+
	灌溉渠系状况	1 = 全部通过渠系，2 = 一些地块通过渠系，3 = 很少地块通过渠系，4 = 没有通过渠系	
	区位 $D1$	处于1类地区为1，其他为0	-
	区位 $D2$	处于2类地区为1，其他为0	+
	区位 $D3$	作为参照变量，不进入模型	+

变量名		变量解释	预期影响方向
自变量			
涉农企业介入变量	村级马铃薯商品率	该村出售总量/总产量	+
	马铃薯销售价格	年份间差异用时间 t 表示	+
	村级 Aviko 公司收购	Aviko 公司收购占总销售比例	−
	村级本地公司收购	本地公司收购占总销售比例	−
	村级政府统一收购	政府统一收购占总销售比例	+
	村级商贩收购及运到市场	作为参照变量，不进入模型	+
	家庭种植结构决定主体	受政府干预为 1，完全由自己决定为 0	+
	是否享有优先配水	该村享有优先配水为 1，不享有为 0	+

5.3.2.1 户主特征

（1）年龄

户主年龄通常用来反映一个家庭从事农业生产活动的经验，一方面年龄大的农户更加有耕作经验，可能倾向于种植经济作物或者新品种；另一方面年龄大的农户往往更加保守，害怕承担风险，且不敢尝试新事物。因此户主年龄对农户马铃薯种植决策的影响有正负两种可能。

（2）受教育年限

一方面受教育程度高的农户可能更能意识到农业产业化带来的收益，因此往往更倾向调整种植结构；而另一方面受教育程度高的农户可能有更多的就业机会，劳动力机会成本较高，因此往往不会选择劳动密集型作物。受教育程度对农户种植马铃薯的影响也存在正负两种可能。

（3）非农就业经验

户主非农就业经验也体现了农户对资源生产管理能力，非农就业经验使农户更有见识，有利于农户对市场的判断能力和对新事物的接受能力，更能意识到这种产业化发展带来的收益；而另一方面由于马铃薯种植属于劳动密集型，户主非农就业经验可能会使得农户认识到农业比较收益低下，因此将更多的劳动力投入到收益较高的非农就业中，带动该家庭农户生产劳动趋于多元化，将更多时间和经历投入非农就业中，减少了家庭农业劳动力人口。

（4）是否为领导

在发展农业产业化的农村，一方面领导更能意识到产业化发展可能带来的利益，另一方面村领导被认为是更具有示范带头作用，自身可能首先种植马铃薯及大西洋品种以带动其他农户种植。

5.3.2.2 家庭特征

（1）农业劳动力

由于马铃薯属于劳动密集型作物，家庭从事农业劳动力越多，则更可能会选择马铃薯的种植。农业劳动力对农户马铃薯种植决策呈正向的影响。

（2）非农打工收入

非农市场的发展直接影响到农业劳动力的机会成本，而非农收入则可以视为农户从事农业生产的机会成本。随着外出就业的逐年增加，农户可能会放弃从事农业生产的时间外出打工，因此相对粮食作物，农户则更可能减少马铃薯这种劳动密集型作物的种植。

（3）存款级别

和固定财产性比，家庭存款作为流动货币资金更可能影响农户的种植决策，流动资产通常体现了农户投资能力的大小以及风险承担能力。本书中将家庭存款分为 6 个级别：存款为 0，存款为 0 ~ 5 000 元，存款为 5 000 ~ 10 000元，存款在 1 ~ 1.5 万元，存款在 2 ~ 5 万元，存款在 5 万元以上。农户存款数量对农民的马铃薯种植积极性有着正的影响。

（4）贷款

由于农业生产有一定的风险性，因此农村资本信贷市场发达与否直接影响到农户种植决策。因为信贷市场的完善程度可以影响到农户扩大经验规模和加大投资的能力，改变农户预算约束线的位置（Chavas et al.，2005）。但我国农村信贷市场并不发达，以小额信贷为主。本书以农户当年向银行或信用社贷款额以判断研究区域信贷市场发达程度。

5.3.2.3 自然禀赋

（1）耕地面积

农户家庭拥有的耕地面积越大，农户对种植作物种类的选择余地越大，因此更可能选择马铃薯或者大西洋新品种的种植。

（2）地块数量

如果农户拥有较多的地块数，可能会选择其中一块种植马铃薯，但是由于农业产业化的发展推行马铃薯的大规模种植，如果农户家庭地块过于细碎，农户也有可能不种植马铃薯，地块数量对农户马铃薯的种植决策存在正反两种不确定影响。

（3）水资源稀缺性

根据民乐县当地情况，对农业灌水的配置是根据农户初始水权面积进行分配。但农户在初始水权面积判定后可能有开荒行为，农户拥有的实际土地面积往往大于初始水权面积。因此水权面积占实际土地面积的比例越大，该农户拥有的水资源越丰富，相反，水权面积占实际土地面积的比例越小，则农户水资源越稀缺。马铃薯属于相对需水量较大的作物，如果农户家庭水资源越稀缺可能会不种植或者少种植马铃薯。

（4）灌溉渠系状况

在水资源稀缺地区，渠道状况是影响农户种植马铃薯的重要因素，灌溉条件较好的农户可以选择更需水的作物，则更可能种植马铃薯。用 1 到 4 表示农户家庭灌溉渠系状况，1 表示农户土地全部通过渠系；2 表示一些地块通过渠系；3 表示很少地块通过渠系；4 表示没有一块通过渠系。1 代表的灌溉渠系状况最好，从 1 到 4 渠系状况依次减弱。

（5）区位条件

农业生产在很大程度上受到自然环境的影响，家庭土地处于不同的区位对农业生产选择行为有着不同的影响作用。根据民乐县实际情况，对三类地区采用两个虚拟变量 $D1$ 和 $D2$ 表示，农户处于一类地区为 $D1 = 1$，其他为 0，农户处于二类地区为 $D2 = 1$，其他为 0，三类地区作为对照组虚拟变量不进入模型。其中民乐县 50% 的耕地分布在二类地区，该类地区最适合农业生产，而三类地区为海拔最高最寒冷的地区，且离祁连山最近，其降雨量也相对最多，依靠灌溉补充的水量则越少，大西洋品种相对需水量较多，三类地区反而更适合大西洋品种的种植。

5.3.2.4 涉农企业介入变量

上一节的理论分析中详细分析了随着马铃薯产业化的发展，涉农企业介入在研究区域带来的市场、政府及涉农企业与农户关系等外部环境可能影响农户种植决策。这一节中通过选择涉农企业介入变量对农业产业化背景下农户决策的影响因素进行实证分析。

（1）商品率

由于农户自身的马铃薯商品率与其种植决策有很大的内生性，因此本研究选用村级变量，即农户所在村马铃薯的商品率来表示该村马铃薯市场的发展程度，以此判断涉农企业介入对马铃薯市场完善进而对农户马铃薯种植决策是否产生影响。马铃薯商品率对农户种植决策的影响应为正，即商品率越高，越有利于农户选择马铃薯的种植，以及种植更多的马铃薯。

（2）销售价格

由于同一时期内，县内各村的销售价格基本相似，因此农户之间的差异性很小。销售价格的影响主要体现在年份上，由上述理论分析也可以发现，各类马铃薯的价格都呈上涨趋势，因此选取年份虚拟变量 T，以表示价格等其他因素年份之间的差异。当然年份虚拟变量 T 中也包含年份间的其他不可观察的区别。

（3）销售渠道

销售渠道比例为各种渠道销量占总销量的比例，由于农户销售渠道比例与自身马铃薯种植决策也有较强的内生性，在变量的选择上，同样选取村级变量表示该区域马铃薯销售渠道。该区域主要销售包括以 Aviko 加工公司、本地加工公司、政府收购及商贩上门收购或自己运到市场。在变量选择上，按照黄季焜等（2007）的对销售渠道影响的处理方法，取虚拟变量，由于自己运到市场的比例非常少，因此将以商贩上门收购或自己运到市场合并为对照组，其他三组收购比例将作为虚拟变量进入模型来分析销售渠道对农户马铃薯种植决策的影响。

这种销售渠道的变量选取则存在两方面的判断：一方面，销售渠道是否显著，如果某一销售渠道显著，则说明该渠道影响了农户的种植决策，特别是 Aviko 公司的引入带来销售渠道的改变；另一方面，销售渠道的影响方向为正还是负，如果某一销售渠道显著影响了农户种植决策，但是可能出现负向影响的可能。按照上文对销售渠道的理论分析，涉农企业与农户之间过于松散的合作关系导致农户对涉农企业的不信任则可能是其影响为负的主要原因。

此外由于该研究农业产业化的发展，马铃薯销售几乎都在本村销售给涉农企业或由政府收购，极少农户将马铃薯运到县上销售，因此较多研究中村庄离县城的距离变量的选择并没有在本书中被考虑。

（4）政府推广

由上一节的理论分析可以看出，该地区政府对农户种植决策的影响很大。按农户主观认识的家庭作物结构有谁决定，如果农户认为完全由自己决定，则定义为 0，如果认为其家庭种植结构也受决定地方政府，则定义为 1。

（5）优先水权

优先水权是研究区域从 2008 年开始对连片种植的大西洋马铃薯采取的优惠政策，在农户调研中发现如果村子没有连片种植马铃薯，即该村没有享有优先配水权，农户对优先配水政策则不是很了解，对马铃薯产业化的发展了解相对也较少。而享有优先配水的村子农户更了解优先配水政策，该村子往往对马铃薯，特别是大西洋品种的种植推广力度更大。另外由于农户自家享有优先配水权与农户种植行为，特别是大西洋品种的种植有很强的内生性。因此以这三个村为享有优先配水权的村取值为 1，其他村庄取值为 0，来分析享有优先配水权的村庄其农户对马铃薯，特别是大西洋品种种植决策的影响。

对涉农企业介入后对农产品市场、企业及政府等生产外部环境的影响在上一章已有详细描述性分析，对影响农户种植选择行为的自然禀赋及家庭特征描述性统计结果见表 5－7。

表 5－7　自然禀赋及家庭特征描述性统计

变量名		2007 年				2009 年			
		均值	标准差	最小值	最大值	均值	标准差	最小值	最大值
户主特征	年龄/岁	46.15	10.50	21	74	46.69	10.43	23	76
	学历/年	6.72	3.34	0	16	7.39	3.52	0	15
	非农经验（0/1）	0.49	0.50	0	1	0.56	0.50	0	1
	是否领导（0/1）	0.11	0.31	0	1	0.13	0.33	0	1
家庭特征	农业劳动力/个	1.93	0.82	0	4	1.92	0.82	0	4
	非农收入/万元	1.11	5.63	0	90.20	0.88	1.07	0	8.00
	存款级别（1~6）	1.56	1.24	1	6	1.64	1.32	1	6
	贷款/万元	0.52	0.73	0	5.00	1.73	3.25	0	38.00
自然禀赋	耕地面积/亩	18.72	9.87	1.5	68	19.63	13.30	1.6	80
	地块数量/块	14.62	8.09	1	58	14.31	8.43	1	55
	水资源稀缺性/%	0.71	0.26	0	1	0.76	0.25	0.07	1
	渠系状况（1~4）	1.42	0.77	1	4	1.21	0.49	1	4
	区位 $D1$	0.16	0.37	0	1	0.16	0.37	0	1
	区位 $D2$	0.69	0.46	0	1	0.69	0.46	0	1

5.3.3 结果及分析

本书选用龙头企业正式介入前后，259 户农户马铃薯种植选择行为两年面板数据，利用 Probit 和 Tobit 模型分析农户是否种植马铃薯和大西洋品种，以及农户种植马铃薯和大西洋品种规模的影响因素。涉农企业介入带来的市场、政府及企业变量为本研究关注变量，将影响农户种植选择行为的自然禀赋及家庭特征作为控制变量进入模型，利用 Stata 软件进行回归分析。具体估计结果见表 5 - 8。

表 5 - 8　农户马铃薯种植行为影响因素估计结果

变量名		是否种植马铃薯		马铃薯种植面积		是否种植大西洋		大西洋种植面积	
		系数	Z 值	系数	Z 值	系数	Z 值	系数	Z 值
控制变量									
户主特征	户主年龄	0.03 *	1.91	0.09 ***	6.45	0.01	0.97	0.13 ***	3.73
	户主学历	0.01	0.75	- 0.05 ***	- 2.79	0.01	1.13	- 0.07	- 1.39
	户主非农就业经验	- 0.07	- 0.16	- 0.03	- 0.05	- 0.17	- 0.51	- 0.97	- 0.63
	户主是否领导	0.26	1.44	0.09	0.50	- 0.21	- 1.38	- 0.63	- 0.88
家庭特征	农业劳动力	0.75	1.40	0.79	1.41	- 0.93 ***	- 2.48	- 4.00 **	- 2.21
	非农打工收入	1.54 ***	3.68	1.77 ***	4.07	- 0.65 ***	- 2.47	- 1.47	- 1.20
	家庭存款	0.00	0.01	0.00	- 0.22	0.02 ***	2.70	0.09 **	2.33
	家庭贷款	- 0.03	- 0.81	- 0.06 *	- 1.70	0.04	1.54	0.14	1.24
自然禀赋	耕地面积	0.22	0.88	0.43 *	1.72	0.50 ***	2.92	2.61 ***	3.24
	地块数量	0.89 **	1.96	0.05	0.13	0.22	0.97	0.32	0.29
	水资源稀缺性	0.37 ***	2.65	0.50 ***	3.46	0.07	0.70	0.91 **	2.00
	灌溉渠系状况	0.00	0.35	0.00	0.05	0.00 **	- 2.11	0.00 **	- 2.06
	区位 D1	0.06	0.63	0.22 ***	2.45	0.00	- 0.07	0.35	1.30
	区位 D2	0.00	- 1.92 *	0.00	- 1.16	0.00	- 1.30	0.00	- 1.27

续表

变量名		是否种植马铃薯		马铃薯种植面积		是否种植大西洋		大西洋种植面积	
		系数	Z值	系数	Z值	系数	Z值	系数	Z值
自变量									
涉农企业介入变量	村级商品率	2.43***	3.93	2.69***	5.24	0.12	0.35	1.47	0.94
	村级Aviko收购	−1.48***	−2.49	−1.08*	−1.70	−0.41	−0.95	−3.00	−1.46
	村级本地公司收购	−0.30	−0.47	1.13	1.41	0.13	0.19	1.04	0.31
	村级政府统一收购	0.94	1.20	−0.41	−0.62	0.98**	2.19	2.56	1.25
	种植结构决定主体	1.31***	3.96	0.99***	4.11	0.50***	3.08	2.69***	3.56
	是否享有优先配水	0.25	0.46	1.68***	3.68	1.16***	4.35	6.16***	5.34
年份 t		1.18***	3.81	0.43	1.32	0.90***	4.31	3.89***	3.85
常数项		−3.45***	−3.11	−4.56***	−4.30	−2.91***	−4.10	−16.68***	−4.94
模型检验									
Wald chi2 (N)		33.04		188.74		87.42		93.04	
Prob > chi2		0.04		0.00		0.00		0.00	

注：*** 表示在1%程度上显著，** 表示在5%程度上显著，* 表示在10%程度上显著。

可以看出，计量模型总体通过检验，且大部分因素显著影响到农户的马铃薯种植决策，各因素对农户种植选择行为影响符号与预想方向基本一致。下面对农户马铃薯种植决策的影响因素显著性及方向详细分析：

5.3.3.1 户主特征

首先对农户是否种植马铃薯和马铃薯种植面积的决策进行分析，由于研究区域对马铃薯产业化的大力发展，其当地领导往往更有示范作用，因此为领导的户主将更倾向于选择种植马铃薯，但是对马铃薯的种植面积影响不大。学历越高的农户种植马铃薯的面积反而越少，这是由于学历高的农户其从事农业劳动的机会成本更高，其更可能将劳动力用在收益更高的就业上。

其次对农户是否种植大西洋品种和大西洋品种的种植决策分析，户主年龄显著正向影响到大西洋新品种的种植决策，年龄越大的农户耕作经验越丰富，因此更倾向种植大西洋品种并倾向种植更多的大西洋品种。学历对大西洋品种种植决策的影响并不明显，非农就业经验也显著正向影响了大西洋品种的种植决策，一方面有非农就业经验的农户可能更爱冒险，因此愿意选择尝试大西洋这种新品种的种植，另一方面非农就业农户可能更有见识，可以意识到这种产业化的发展带来新品种在未来可能会带来更多收益。

5.3.3.2 家庭特征

由于马铃薯属于劳动密集型作物，家庭农业劳动力越多的农户则更可能种植马铃薯，且种植更多面积的马铃薯。家庭存款越多的农户也可能种植更多的马铃薯，这与其对风险的抵抗能力相关。

农业劳动力并没有显著影响农户是否种植大西洋品种，但是正向影响了大西洋品种的种植面积。非农打工收入可看做该农户家庭从事农业生产的机会成本，非农打工收入越高，农户可能更不会选择种植或者减少大西洋新品种的种植。家庭存款没有显著影响农户是否种植大西洋及大西洋种植面积。

由于我国农村信贷市场并不发达，农户的借贷情况发生的较少，且都是以小额借贷为主。因此，研究区域家庭贷款并没有影响农户对马铃薯或者大西洋新品种的种植决策。

5.3.3.3 自然禀赋

耕地面积显著正向影响了农户选择种植马铃薯并且拥有耕地面积越多的农户可能选择种植更多的马铃薯，而家庭地块数量越多，土地越细碎的农户种植的面积反而越少，这个研究预期的假设是一致的，当地对规模种植马铃薯的推广导致家庭土地细碎的农户较少种植马铃薯。而由于研究区域二类地区气候和光照等条件都是最适宜农业生产的，因此二类地区的农户更愿意选择种植马铃薯，并比其他两类地区种植面积要多。

家庭土地面积并没有影响到农户选择是否种植大西洋品种，但是显著影响种植大西洋品种的面积，即说明家庭土地面积多的农户未必选择种植大西洋品种，而一旦选择种植大西洋品种，其家庭耕地面积显著正向影响到大西洋品种种植面积。地块数量对农户大西洋品种种植决策影响不显著。此外，虽然研究区域二类地区气候和光照更适宜农业生产，但是由于三类地区海拔最高，其离祁连山最近，其降雨量也最多，由于大西洋品种较其他品种的马铃薯更加需水，因此三类地区更适宜大西洋品种的种植，因此三类地区的农户更愿意选择种植大西洋品种，且种植面积更多，这是和当地实际情况相符的。

值得注意的是，研究区域农户家庭水资源稀缺程度与灌溉渠道状况并没有显著影响农户对马铃薯或者大西洋的种植决策，这可能是由于马铃薯作为经济作物，即便缺水的农户也选择家庭定量配水充分配置给马铃薯或大西洋，这样水资源和灌溉渠道并没有影响到对马铃薯种植决策。

5.3.3.4 涉农企业介入变量

从马铃薯市场完善程度来看，村庄层面马铃薯的商品率越高，马铃薯种植越可能成为农户收入的重要来源之一。因此，该村农户越会选择种植马铃薯，且种植的面积也会越大。但马铃薯商品率的提高并没有显著影响到大西洋新品种种植决策。

从村级销售渠道来看，虽然龙头加工企业正式建成之后成为马铃薯收购的主要渠道，但是其收购的比例对马铃薯及大西洋种植决策的影响方向都为负，这符合预期假设。由于研究区域龙头加工企业与大多数农户之间仅以市场交易连接，其方式过于松散。协议的签订可以减少农户生产及销售上的风险，因此签订协议显著正向影响了农户种植马铃薯的面积，且同时也正向显著影响了选择大西洋种植并增加大西洋种植面积。但是由于该区域与企业签订协议的农户数较少，企业与农户主要依靠市场关系连接，农户只能获得出售农产品的收益而分享不到企业相关产业经营的利润，且其双方机会主义行为难以避免。调研中农户表示企业对马铃薯收购价格过低，且对质量要求非常严格。特别是大西洋这种新品种，很多农户反应其种子及种植技术并不完善，导致最终产量和质量都非常不理想。而企业在收购时对这种风险完全没有任何承担，依然按照企业的标准收购马铃薯，收购价格偏低，农户认为利益得不到保障，导致农户对马铃薯的种植积极性的降低。而村集体组织政府收购的比例显著正向影响了农户选择大西洋新品种的种植，说明农户对村级组织及地方政府更为信任，更倾向通过村级组织和政府收购与企业产生合作关系。

在研究区域，政府被大多农户认为是决定家庭种植结构的主体之一，因此当农户认为其家庭种植结构受政府影响时，政府对马铃薯种植的大力推广则正向显著的影响了农户种植马铃薯和大西洋品种。另外，政府对大西洋品种的政策支持，即优先配水权的实施，对农户选择大西洋品种以及种植面积有正向显著作用。可见，地方政府对主导产业的推动功能以及政策支持对农户种植决策起到了重要的影响作用。

因此，"涉农企业＋农户"这种产业化经营模式的发展不仅需要完善农产品市场，加大政府的推广服务及政策支持功能，更需要将涉农企业与农户发展为统一的利益共同体，通过合同或者契约关系，甚至股份制、产权制、合作制关系紧密连接。涉农企业通过一体化的经营方式将市场信息、技术服务、销售渠道直接有效传达给农户，带动农户按照市场需求组织生产和销售，降低农户市场交易成本，改变农户在经营销售过程中的劣势地位，使农民在产业化经营过程中获得相应利益，提高参与农业产业化、积极调整种植结构的积极性。

5.4 本章小结

本书首先分析研究区域马铃薯产业化发展对农户种植决策的影响，该地区对马铃薯种植的大力推广，导致整个地区种植结构发生了变化，种植结构的调整影响研究区域水资源配置的一个重要方面。根据对该区域种植结构调整概况分析，大西洋新品种马铃薯的面积显著增加，而马铃薯总面积略有减少，相应的其经济作物与特色作物面积都有所增加，粮食作物有所减少。首先根据水土资源合理配置的各个作物边际产值应相等原则，判断各种植作物水土资源配置效率，可以看出该区域水土资源配置并未达到合理。总体来看，对土地资源的利用都处于边际增长的阶段，增加土地资源的投入有利于产值的增长，而对水资源的利用除大蒜和玉米制种都处于边际增长阶段，增加水资源投入有利于产值的增长。马铃薯及胡麻的边际产值要高于粮食作物与油菜，因此水资源可以更多地配置马铃薯及胡麻。再判断各种植作物的比较优势，综合考虑作物的水土资源利用及经济效益，大西洋品种马铃薯具有较高的比较收益。可以看出，该地区对马铃薯种植的推广，特别是对大西洋新品种的大力推广有利于该地区水土资源的合理配置。

在已有文献研究及理论分析的基础上，从市场、政府及企业三个方面，提出市场发展及政府推广正向影响农民马铃薯种植决策，而涉农企业与农户过于分散的经营关系负向影响农户马铃薯种植决策的研究假说。通过选用Probit以及Tobit模型分析农户选择是否种植马铃薯与种植面积，以及是否种植大西洋品种以及种植面积，验证了其研究假说：①涉农企业介入带来的销售市场的完善显著影响了农户马铃薯种植决策。村级市场马铃薯商品率越高，农户可能从中获得的收益越大，则越会选择种植马铃薯。②企业市场收购马铃薯对农户马铃薯种植决策没有发挥积极的影响。研究区域企业和多数农户之间仅是通过市场发生联系，协议签订率十分低，农民利益得不到保障，因此模型中龙头加工企业收购的比例显著负向影响了农户对马铃薯以及大西洋品种的种植决策。③村级组织或者政府在促进农户与涉农企业的合作过程中，起到了十分积极的作用。由于农户更加信赖村级组织或者政府，在模型中村级组织或者政府的收购显著正向影响到农户选择大西洋新品种的种植。此外，政府在推行产业化的过程中对马铃薯种植的大力推广，正向显著的影响了农户选择马铃薯和大西洋品种的种植，且对大西洋品种的优先配水政策支持显著提高了农户选择大西洋品种的种植。

因此，涉农企业介入农业生产带动农户实现规模化的农业生产，不仅需要完善当地农产品市场，更应通过与农户建立紧密的合作关系来引导农户种植结构的调整，并充分重视地方政府在此过程中的重要引导作用。地方政府通过配套项目及政策的实施对于涉农企业成功在当地的发展发挥了重要作用。地方政府可以通过推广服务及政策支持功能，采用合同或者契约关系，以及股份制、产权制、合作制等关系将涉农企业与农户紧密连接为统一的利益共同体。

而涉农企业通过地方政府和村级组织与农户建立的紧密的利益共同体，帮助涉农企业以有效的方式，将市场信息、技术服务、销售渠道传达给农户，带动农户按照市场需求组织生产和销售，降低农户市场交易成本，改变农户在经营销售过程中的劣势地位，使农民在产业化经营过程中获得相应利益，提高参与农业产业化、积极调整种植结构的积极性。

第**6**章

涉农企业介入对农户水利投资行为的影响

　　我国西北地区土地资源丰富，地形多样，光热条件充足，具有发展农业产业化的资源优势。但由于该地区水资源严重稀缺，农地资源的利用受到极大的限制，农业潜力难以发挥。然而该地区灌溉水仍然存在浪费严重，利用效率十分低下的现象，这与我国长期以来对水利的缺少维修、年久失修和管理不善息息相关（Lohmar et al.，2003）。我国为农业生产服务的5500座大中型泵站中，由于投资规模小，目前面临严重的困境，近2000多万处小型水利工程，70%进入老化，处于急需改造状态，许多灌区仅修建了渠道、干渠和支渠，支渠以下的斗、农、毛渠及相应的建筑物修建不全，配套率不足20%，而其他农村小型水利设施中50%的骨干建筑、40%的渠系建筑物和32%的衬砌渠道被破坏，很多小型农田水利由于年久失修，已不能发挥正常效益，陷于瘫痪状态（翟浩辉，2003；董宏纪等，2008；张宁，2009）。造成这种局面的主要原因，除了国家和地方政府投资往往较多的注重大江大河治理，忽略了对小型农田水利的投资以外，来自村、农户层面对小型农田水利工程、末级渠系建设与维护的参与不足也是其重要原因。农田水利基础设施建设可以减少水资源从水源输送到田间的渗漏损失，不仅是充分利用水土资源的有效途径，更是关系到农业生产条件，促进作物稳产高产的重要保障。

　　近年来，随着涉农企业的兴起，带动农村经济社会发生了深刻的转型。涉农企业按照市场需求带动农户生产方式向规模化、专业化转变。农户从事农业生产方式的转变，激发了农户对小型农田水利设施的需求。而在此过程中，农户收入的增加提高了农户对小型农田水利设施的供给能力。此外，地方政府为发展农业经济，吸引涉农企业进入当地，往往出台一些相应的扶持优惠政策，包括完善农业基础设施等方面的投资，政府在水利基础设施方面公共投资的增加也可能影响涉农企业和农户在此方面的私人投资决策。

本章首先分析目前我国小型农田水利设施的供给困境及其私人供给的可能性。从理论分析涉农企业介入如何直接影响农户对水利设施的需求及供给能力，以及间接激励政府投资以促进农户对水利设施的私人投资；再以甘肃省民乐县马铃薯产业化发展为例，实证检验涉农企业介入对农户对小型农田水利私人投资的影响。最终为改善我国小型农田水利设施供给困境，达到减少水资源渠道运输的损失，提高水土资源利用效率目标提出相应政策建议。

6.1 小型农田水利设施供给困境及私人供给可能性

本节首先分析我国农村税费改革以后，小型农田水利设施供给困境及作为地方准公共物品其私人供给的可能性，为下文涉农企业介入对农户水利投资行为决策的影响分析打下理论基础。

6.1.1 农村税费改革后小型农田水利设施供给困境

农村税费改革在很大程度上减轻了农民负担，但同时由于相关政策不配套或相关政策缺乏实施基础，农村税收改革之后，小型农田水利等基础设施的建设和维护并不尽如人意，这种问题的出现与农村税费改革以后小型农田水利设施供给主体的缺失是分不开的。

6.1.1.1 国家投资倾向大中型水利工程，逐渐退出小型农田水利投资

在 19 世纪 50—60 年代，我国通过政府投资，农民投劳兴建了大量的水利工程，在灌溉、排涝等方面起到了很大的作用。但是随着时间的推移，大部分水利设施开始逐渐出现老化失修，急需改造的状态。国家在农田水利问题上，最关注的首先是粮食安全，其次是提供农户低成本、高收益的农业生产条件，再次才是有效防范水利风险（贺雪峰等，2010）。而由于农田水利工程投资的财政重负，国家并没有能力对所有农田水利设施进行更多的投资，财政分权政策的实施促使国家将公共物品供给权层层向下级政府转移。国家只负责重大项目的建设与投资，而对农村小型农田水利的建设和维护则由主要依靠地方政府与农民承担。因此，国家对农田水利设施建设投资上的总体思路是重点扶持大、中型水利工程的更新和改造，对小型水利工程实施补贴政策。但实际上，用于农村小型水利工程建设和管理的资金微乎其微（冯广

志，2002）。对小微型农田水利工程建设采取的补助政策，虽在一定程度上激励了农民兴建以户为单位的小型灌溉水利，但是由于缺乏合理规划，这类小型水利设施十分低效，根本起不到抗旱作用。

随着国家分税制财税制度的改革，原有的政府投入投资、农民投工的小型农田水利建设渠道已不适用。为解决农田水利对政府施加的财政压力，拓宽农田水利投资来源，中央开始逐步实施的水利体制改革以及随后推进对小型水利工程的市场化改革，建立以各种形式农村用水合作组织为主的管理体制，因地制宜，采用承包、租赁、拍卖、股份合作等灵活多样的经营方式和运行机制（唐忠等，2005），以"谁投资，谁受益"的原则，通过不断提高农业用水的市场化程度，以增加对农田水利基础设施投资，中央政府试图通过市场化改革解决农田水利投资不足的问题。

随着国家政策制度改革以及市场化进展加快意味着曾作为最主要投资者及组织者的国家已经逐步退出小型农田水利的建设。我国农村小型农田水利的公共供给体制也逐步向农户自我供给和合伙互助制供给的转化（马培衢，2007）。

6.1.1.2 地方政府财力减弱，利益与农业生产脱钩，对小型农田水利投入不足

随着税费改革的实施，地方政府所能收取的税费被规范，其可支配收入急剧减少。这不可避免的影响到对农村基础设施的投资及服务。由于地方政府缺乏足够的激励对农村小型农田水利工程进行投资建设，导致农村灌溉设施得不到有效维护，逐渐出现老化现象（胡鞍钢等，2002）。税费改革前可通过制度外财政集资的公共资源被完全禁止，地方政府普遍面临财政困境。在财政压力下，地方政府又开始实施乡镇机构改革，合村并组，精简村干部等措施，对基础设施供给的人力及财力愈加不足。另外，农业税取消之前，地方政府为更方便的收取税费，有压力和动力为农民提供良好的灌溉基础设施，而在税费取消以后，地方政府财政收入主要来自工业和城市建设，脱离农业生产，来自农业的收入与地方政府几乎没有关系，地方政府也不再有为农民提供灌溉的积极性（贺雪峰等，2010）。

另外一个影响地方政府对小型农田水利投入的重要因素则是财政分权及垂直政策集中。一般情况下，全国性的公共物品由中央政府提供，区域性的公共物品则由地方政府提供。然而，现阶段对中央政府与地方政府对公共物品供给的责任划分不够明确，造成公共物品供给责任混乱。中央政府一方面

将农村公共物品供给层层下移；另一方面又将财政控制权层层上收。这不仅对地方政府造成极大的财政压力，更使得地方政府对农村公共产品的投入缺乏足够动力。地方政府财政税收主要来自于第二、第三产业，对农业的投入见效慢、收益小，且由于农村公共产品的准公共物品性质，导致地方政府对其供给的随意性很大（史金善，2002）。在财政不足的情况下，地方政府往往更多倾向道路、学校等"政绩工程"或"面子工程"，对灌溉水利投资缺乏足够的激励（罗仁福等，2006）。

6.1.1.3 农村基层自治组织能力弱化，组织农民建设小型农田水利无力

农业税取消以后，全国取消了向农民的收费，其中最重要的两项收费则是农民耕种集体土地而对集体承担义务的"三项提留"以及农业生产中需要共同开支的"公共生产费"。随着村社不再有收取税费的能力，作为灌溉单元的农村基层组织也逐渐瓦解。另外，"两工"的取消，使得任何部门不得无偿的动用农村劳动力，这在一定程度上消弱了农村水利修建维护的主体作用。农村基层自治组织能力弱化，过去依靠基层政府组织发动农民投劳的现象不再存在。

"一事一议"政策是农村税费改革之后的一项重要配套制度，农民以村为单位，通过村民大会或村民代表大会，讨论与村民利益关系密切的公共品供给，涉及收费和投劳等问题，必须通过村民民主表决方式来进行。然而"一事一议"制度因为缺少强制性而存在"事难议、议难决、决难行"的局限（侯胜鹏，2009）。由于农民收入低，投资能力十分有限，且过于分散的耕作方式，使得农户为眼前利益及小范围的利益，在公共投资行为上很难达成协议。此外，由于"一事一议"制度明确规定，村民会议应由本村 18 周岁以上的村民过半数参加，或者由本村 2/3 以上农民的村民代表参加，而且随着农村劳动力外移现象普遍，大多数年轻劳动力较多时间都在外地从事非农活动，这在一定程度上导致召集农民集体讨论公共事务的组织难度逐渐加大。

农户用水者协会是在农村税费改革之后，国家试图将灌区部分管理权转至用水者协会，将管水单位从国家中剥离出来，以非行政组织替代原来的行政组织。一方面减少村组织借农村公共物品的供给的名义乱收费现象；另一方面减少政府对小型农田水利工程的包办，减少农民对其产生的依赖。农户用水者协会在一定程度上解决了农户在水利建设中搭便车的行为。但是由于缺乏相应的社会基础，权利转移不充分，用水者协会很多是在政府组织和支持下建立的，用水户在灌溉管理中并不具有真正的发言权和决策权，而且用

水者协会的干部多为村级组织干部兼职，因此在大多农田小型水利建设和管理中也难以发挥实质性的作用（罗兴佐，2012；穆贤清等，2004）。

6.1.1.4 小型农田水利产权不明晰，农户参与公共投资积极性不高

在国家逐渐退出对小型农田水利的投资，地方政府动力不足，而村社组织无力的情况下，农户作为其利益与农田水利状况最密切的独立经营者，自然成为农村小型农田水利工程的建设与投入的主体，但是由于单个农户难以实现对农田水利的投资完善，往往需要组织农户共同参与。税费改革以后，乡村组织退出农民生产环节，小组共同灌溉的模式被取消，农户在灌溉上的分化日益明显，很难组织到一起实现参与公共投资。分散经营的小农户难以自发组织投资农田水利设施。

由于农田水利公共产品特征明显，产权不明晰，农民难免产生搭便车的行为，需要用水的农户往往会积极参与组织投资小型农田水利，以实现与大中型灌溉设施的对接，而上游的水利条件较好的农户则选择搭便车行为，这导致农户参与意识十分淡薄（张宁，2009）。国家对小型水利工程实施的市场化改革，希望以此促进农民投资，但是由于产权难以界定，村民小组的公共水权得不到维护，买方市场无从建立。政府采取"谁投资，谁受益"试图吸纳农民投入农村基础设施，但是由于产权不清，部分项目并没有按照这个原则进行，这也是影响到农民投资基础水利设施积极性的重要原因。

6.1.2 小型农田水利公共物品私人供给的可能性

公共物品具备的两大特征是非排他性和消费的非竞争性，对物品的分类见表6－1。斯蒂格利茨（1994）认为纯公共物品具有两个特征：一是它们的理性使用不可能性；二是它们的非理性使用也不可能。前者意味着排除其他个体对其消费是不可能的或者进入的成本过高，后者则意味着该物品在消费上具有非竞争性，即一个人的消费并未减少其他人对此的消费。消费的非竞争性产生的主要原因是，公共物品所具有的不可分割的特性，在增加一个消费者时，并不会增加生产的可变成本，也就是说增加供给的边际成本为零。而与此相对的私人物品则是完全竞争和排他的。实际上，纯粹的私人物品和公共物品是处于两个极端，大量物品的特性处于这两者之间，被称为准公共物品。大体分为两类：一类是具有使用非排他性，但是消费具有竞争性的公共产品，这类产品被称为公共资源（Common Resources），对于这类产品，增加消费会增加边际成本，但是并不是每个消费者都为其消费付费，当消费人

数达到一定规模之后，就会出现边际成本为正的情况，减少原有消费者的效用。其受益难以排他，消费有竞争性。另一类是具有消费上的非竞争性，但是具有使用的排他性的公共产品，这类产品被称为俱乐部资源（Club Goods），其受益可以排他，而消费（在一定范围内）没有竞争性，对于这类产品其消费产品的使用人数是一定的，很像是俱乐部的消费，其收益可以定价，在技术上可以实现排他。

表6-1 物品的分类

特征		排他性	
		有	无
竞争性	有	私人物品	公共资源
	无	俱乐部产品	纯公共物品

由于公共物品具有非排他性和非竞争性的特征，它的需要或消费是公共的或集合的，如果由市场提供，每个消费者都不会自愿掏钱去购买，而是等着他人去购买而顺便享用其带来的利益。另外，依照有效率的条件，厂商定价的原则应该是价格等于边际成本，如果公共产品由私人部门提供，他们将会索要等于边际成本的费用，既然公共物品的边际等本等于零，那么厂商的价格也应该等于零，因此私人也不可能供给这些产品。这样可以看出，市场只适合提供私人物品和服务，对公共物品的提供是失效的。由于市场机制在提供公共物品方面是失灵的，政府介入就成为必要。若公共物品由私人提供，则可能与社会需求的最优水平不一致（庇古，1928；萨米尔森，1954）。但是政府生产公共物品不等于政府生产所有的公共物品，更不等于政府完全取代公共物品的市场。政府可以通过直接生产公共物品来实现，也可以通过某种方式委托私人企业的间接生产方式来实现。政府介入往往可以解决市场无法提供公共产品的缺陷，即解决市场失灵问题，通过提供公共产品满足社会消费的需求。但是政府对公共物品的提供也存在着一定的缺点，政府其自身财政不足是其中一个重要的方面，财政约束导致政府对公共物品的投入往往倾向所谓的"政绩工程"，对实际需要的公共物品供给不足，这样导致其服务效率低下。且政府利用公共权力进行的寻租不仅破坏了市场经济公平竞争的原则，更造成社会资源浪费，分配不均等社会问题。这些政府为公共产品供给中存在的问题为私人供给的引入提供了现实依据（石林溪，2012）。公共产品

是否可以实现私人供给，其中最关键的一点取决于该产品和服务是否能够实现收益的排他（林万龙，2007），由于产品和服务受益排他，其私人提供者才有可能从中获得其应有的收益，实现私人供给。另外，该产品的规模和范围一般较小，涉及的消费者数量有限，达成契约的交易成本较小将有利于公共产品的私人供给（吕恒立，2002）。这样属于准公共物品的俱乐部产品可以通过某种排他性技术或者改变制度环境（包括产权的强制安排）有效的将"免费搭车者"排除在外。

农村小型农田水利工程是一种典型的农村准公共产品。由于其集体产权特征，具有难以排他和使用竞争的特点，即当某个农户为了方便灌水以提高自身的粮食产量投资维修了某个小型灌溉设施，在通过灌溉工程得到个人利益的同时，其周边的农户也可以从其农田灌溉中获益，这样农民存在搭便车行为，造成农田水利"有人用，无人管"、老化失修的"公地悲剧"，因此农村小型水利工程具有公共资源的特征。另外，由于一些小型水利工程的经营性，具有一定的经济效益，可以通过承包、租赁等管理方式在技术上实现排他，因此可以排除部分人的使用范围，即一个农田水利设施的服务对象就是其服务范围的土地使用者，外溢性较弱，提供的灌溉服务量也能通过各种方式计量，如抽水或放水的时间、按用电量和按亩计算等，这些服务比较容易实现排他，因此农村小型农田水利工程又具有俱乐部产品的特征。且小型水利工程往往又具有明显的地域性，其效用只为县域以内的居民所有，可以被更准确的定义为地方准公共产品。这种小规模小范围的俱乐部物品是完全符合可以实现农户私人投资的条件。

一直以来，农村小型水利设施被认为是一种地方公共设施及公共服务，因此通常由地方政府和集体来提供。农业税收改革以及财政分权的实施，地方政府对小型农田水利的供给存在着财政限制以及动力不足两方面的困境。且一般来说，大多数农村公共产品都不是纯公共物品，只是具有一定的公益性。因此，政府并没有必要独揽公共产品投资的所有权利，而应该按照不同的农村公共产品特点来吸引民间投资的参与（熊巍，2002）。和具有水土保持和防汛的水利工程收益很难实现排他不同的是，农村小型农田水利工程的服务对象通常是针对其服务范围的土地使用者，覆盖规模和范围较小，且其灌溉量可以通过灌溉土地面积、放水时间或者灌溉用电时间等方法计量，其收益可以在技术上或者制度上可以实现排他，具有典型俱乐部产品的特征。因此实现小型农田水利工程的私人供给是完全可能的。私人对农村小型农田水利的供给不仅可以解决政府在农村公共物品供给中数量不足的问题，更可以解决其投资中效率低下、资金浪费以及供求不均衡的现象，以及防止公共产品供给中特殊利益集团的"寻租"现象（吕恒立，2002）。从上节对我国对小型农田水利运行机制改革过程的分析中也可以看出，我国正逐渐将小型农田水利从过去的公共资源产品向俱乐部产品转化，并通过明晰产权增加受益排他性以提高农民参与供给的积极性。

综上所述，由于小型农田水利的公共物品性质，过去其供给一般由政府或集体提供。而通过分析公共物品的私人供给可能性可以看出，准公共物品完全可以实现私人供给，特别是受益可以排他的小规模俱乐部产品。从理论上来说，小型农田水利设施实现私人供给是完全可能的。

6.1.3 本节小结

通过税费改革后，小型农田水利的供给主体分析可以看出：国家往往倾向对大中型农田水利的投资，对小型农田水利实施通过农田水利制度改革及促进市场化发展激励新的投入主体，逐渐退出小型农田水利投资。地方政府由于税费的取消，财力明显减弱，且其利益与农业生产脱钩，地方政府为农民提供灌溉的积极性降低，在对农村基础公共设施的投入中更倾向"政绩工程"或"面子工程"，对小型农田水利投入严重不足。随着农村各类收费项目以及"两工"的取消，农村基层自治组织能力弱化，过去依靠基层政府组织发动农民投劳变得非常困难。而作为利益最相关的农户，由于农田水利产权不明晰，对其投资意愿十分低下，过于分散的农户难以自发组织实现对农田水利的投资，作为税费改革的配套制度，"一事一议"制度及用水者协会的建立在实施过程中也并没有起到激励农民参与农田水利的作用。

因此，为完善我国小型农田水利，减少渠道水资源损失，提高水土资源利用及配置效率，除了提高政府对其投资，更重要的是促进农户私人积极参与小型农田水利的建设。目前已有较多文献关注了影响农户参与小型农田水利设施因素，但少有文献试图分析外部环境因素如何激励政府在水利等基础设施投资方面的投入，并如何带动农户参与对小型农田水利的投资。对促进农户积极参与农村小型水利工程的影响因素研究，不仅可以有效减轻政府财政负担，实现农村小型农田水利工程的可持续建设，更为全面促进农村小型水利工程的私人投资提供科学依据。

6.2 涉农企业介入对小型水利设施私人投资的影响：理论分析

农村税费改革之后，农村小型农田水利设施面临供给困境，然而这种供给困境形成的原因并不能完全归咎于农村税费改革，税费改革的本意是规范农村收费行为，减轻农民负担，促进农业和农村经济发展，保持农村社会稳定。实际上这也意味着农村税费改革可以通过减轻农民负担，提高农民农业收入以激发农户投资的意愿。但是由于小型农田水利设施作为一种公共物品，农户普遍存在"搭便车"行为。而长期分散小规模的农业生产方式及与市场脱离的经营方式导致农民其农业比较收入十分低下，对农田水利投资意愿也远远不足。

小型农田水利作为利益可以排他的俱乐部准公共物品，理论上可以实现农户的私人供给。但是农户投资决策往往考虑到其投资行为是否能够获利，只有当投资预期收益大于投入时，农户才有可能选择投资（林万龙，2003）。近年来，随着农业产业化的发展，农业产业化的发展促进涉农企业介入农村，带动农户进入市场，成为实现农业增效、农村发展及农民增收的基本途径。其促进农户规模化经营方式的转变直接影响了农户对水利设施投资的需求及供给能力，政府在招商引资中对基础设施的重视更是间接带动了农民的私人投入。农户对小型农田水利的投资预期收益及投入成本往往受到农田水利的需求、农户供给能力及政策环境这三个方面的影响。因此，本节从这三个方面分析在农业产业化的发展背景下，涉农企业介入如何影响农户对小型农田水利的投资决策。

6.2.1 涉农企业介入对农户小型水利设施需求的影响

农户对小型农田水利的需求很大程度上取决于其对农业的依赖性。传统农业被认为是投资大、回报慢且效益低下的弱质产业。由于比较收益低下，非农就业市场发展迅速，农民的收入逐渐走向多样化，对农业的依赖性逐渐下降。涉农企业介入农业生产，其追求最大利润的特性，带动了人才、管理、技术和资金等生产要素向农业回归，促进了地区经济发展、产业结构调整及当地农业市场的发展，提高了农业比较利益，改变了农业的弱势地位；通过有效的推广农业新品种和技术，带动农业结构调整优化，推进农业标准化生产，增加农产品商品率，提高农业附加值，以保护价收购基地农产品，促进农产品流通和农村第二、第三产业协调发展等方面增加农民收入；并通过产供销一体化的经营方式，将销售信息、技术培训带给农户，减少农户农业生产风险；并通过契约的签订，保护价格的实施及强化售后服务，降低农户农产品销售风险；对农户在生产资料投入上采取的赊销，事实上等于对农户提供了商业贷款，解决了农户投入资金不足的问题，激励了农民从事农业生产的积极性。当农户从事农业生产的积极性越高，其对农田水利设施的需求则越大。大量研究表明，种植收益及农业补贴政策越多，农民种植积极性越高，对农田水利设施的依赖越大，则也更愿意参与农田水利设施建设（朱红根等，2010；刘力等，2006；刘辉等，2012）。

另外，农户对农田水利设施的需求又体现在家庭种植规模以及种植结构。由于长期一家一户分散的小规模经营方式，其经营规模太小，利益难以协调一致（贺雪峰等，2010），理性的农户存在着对农田水利建设的低度私人参与意愿（韩洪云等，2002）。农业产业化在不改变现有家庭联产责任制的基础上，立足于当地资源优势，将资源优势发展为商品优势，通过涉农企业连接市场与农户，将农业生产向第二、第三产业延伸，使农产品在产业化过程中不断增值，实现由龙头企业带动，通过信息的传递、技术的推广以及销售渠道的扩张等方式改变农户传统的生产方式，最终实现对区域性主导产品的规模化专业化生产以及区域化布局，解决了传统农民分散经营的小规模生产方式与当前社会主义市场经济之间的矛盾。规模化经营方式的转变更有利于农户组织起来投入小型农田水利设施（陆昂等，2007）。当农户种植经营规模扩大，其农业生产对水资源的依赖性也就越强，因此更需要完善的水利设施减少灌溉成本。此外，农户家庭专业化经营方式也是影响农户对水资源依赖性的另一重要因素，涉农企业引入促进农户实现专业化的生产，实现优势主导农产品的规模化生产，当农民利益相似，收益来源一致，他们的策略行为则可相互观察，加之农民之间的声誉机制，使得小型水利设施使用者的使用策略更接近于长期合作动态博弈（傅奇蕾，2006），这为小型水利设施的建设提供了可能。

综上所述，农业产业化发展背景下，涉农企业介入农村带动农户进入市场，通过农业比较收益的提高，激发了农户从事农业生产的积极性，进而增加了其对农田水利设施的需求。此外，农户对主导产业规模化专业化经营方式也是影响小型农田水利设施的重要方面。

6.2.2 涉农企业介入对农户小型水利设施供给的影响

农户对小型农田水利设施的供给能力受到资金或劳力制约。由于长期以来农业比较收益低下，即便农户有投资水利设施的需求，其供给能力也受资金制约。涉农企业介入农村，其发展最终目的是通过涉农企业的中介作用带动农户进入市场，增加农民收入。在生产力方面，实行生产、加工、销售结合为一体，解决农民盲目生产、产销脱节、生产风险较大的问题，并且将农业生产向产前和产后延伸，扩大经营领域，延长产业链，提高农业总体经营效益。在生产关系方面，通过龙头企业与农民以合同或契约等多种形式建立合作制，形成利益共享、风险共担的经营共同体，使加工、销售的利益部分返还给农民。农户将生产经营与涉农企业配套服务结合起来，获取规模效益，借助涉农企业配套服务能力，有效解决小生产的规模性，生产高附加值、高商品率的产品，提高农村集约化生产水平，达到不断增产增收的目的。农业收入的增加提高了农民对农业生产基础设施的供给能力。

而规模经营极大推动了专业化分工和农业生产专业化进程，规模经营的实施极大的推进了专业化分工和农业生产专业化进程，提高了农户劳动生产率，更能促进农村剩余劳动力向第二、第三产业转移（钟萍，1999），此外，涉农企业对农户在当地的非农就业也创造了一定的机会。农业产业化被认为在很大程度上对转移农村剩余劳动力起到十分重要的作用（陈涛等，2004）。大量农业劳动力不断向非农产业转移，导致农户家庭劳动力和收入结构发生了重要的变化。非农就业劳动力比例越高的家庭由于农业劳动力投入大量减少，参与水利投资的可能性较低（Zhou et al.，2008；王克强等，2011）。然而非农就业可能带来收入的增加，农户可以通过资金替代劳动力投资农田水利设施的建设，很多区域已经出现非农就业的农户通过"出钱"替代"出工"参与渠系维护和修建（刘辉等，2012）。Castro 等（2010）研究发现，由于非农就业带来的收入效应增加效应与劳动力减少效应正好抵消，非农就业对农户节水型投资的影响并不显著。

可以看出，涉农企业介入农村对农户对农村小型农田水利设施的供给方向尚不明确，由于对水利基础设施的投入往往包括劳动力的投入，涉农企业不仅解放了农业剩余劳动力将其转移，更是在当地带来大量的非农就业机会，这样导致对水利设施劳动力供给能力的降低。但是农业收益的增加及促进非农就业可能带回家庭的资金提高了农户对水利基础设施的资金供给能力，且资金在一定程度上可以替代劳动力作用。尽管这种经营体制带来的农民就业很难做出定量分析（李文学，1997），其理论上非农就业带来的"收入效应"以及"劳动力效应"对农户小型农田水利投资的影响也是不可忽视的。

6.2.3 涉农企业介入对农户投资小型水利设施政策影响

长期以来，小型农田水利灌溉工程被笼统地认为是一种公共设施和公共服务，因此一直由政府或者集体来提供。但是随着财政分权以及农业税费改革的实施，地方政府其利益与农业生产脱离关系，财政不足的约束使得官员对农村公共产品的投资更偏好所谓的"政绩工程"或"面子工程"，如道路建设和学校投资。而对农民实际需要的公共产品，如灌溉基础设施，投资严重不足（易红梅等，2008；冯海波，2006；罗仁福等，2006）。

农业发展本身需要一定的农业生产条件，没有完善的基础设施，农业经济很难发展。农业产业化背景下，大量涉农企业引入农村，其发展的一个重要特征则是根据市场需求带动农户实现规模化和专业化的生产，然而规模化专业化的发展离不开完善的基础设施条件（李纪恒，1998）。对于地方政府而言，为促进地方经济增长以及实现政绩，其中一个重要策略则是招商引资，尤其是外商直接投资（张军等，2007）。吸引并留住外来涉农企业成为政府改善农村基础设施，增加对公共物品的投资的重要动力。近年来，随着地方政府财力的增长和各类财政支农项目等的增加，以及其他和农业基础设施建设等相关项目的支持，涉农企业介入农业生产往往可以得到地方政府直接或间接的补贴以及政府项目配套。

政府公共投资与农户私人投资之间存在挤出与挤入两种截然相反的效应（Crowding – out and Crowding – in Effect），也称为汲水效应（Pumping – priming Effect）。挤出效应是指，当公共投资增加能够使私人投资增加的数量小于公共投资的增加额，甚至造成了私人投资的减少，也就是说，公共投资一定程度上替代或挤出了私人投资，此时公共投资对私人投资则产生了挤出效应或替代效应。挤入效应是指，当公共投资的增加能够导致私人投资增加的数量超过公共投资本身增加的数量，则说明公共投资带动了或促进了私人投资。此时公共投资对私人投资则产生了挤入效应或互补效应。当私人投资扩张对公共投资存在路径依赖，公共投资拥挤度较低时，只要公共资本与私人资本在生产函数存在互补而非替代效应时，则公共资本存量的增加将提高公共服务水平，提高私人资本的边际产出，激励私人投资和私人资本的长期积累。

一般而言，发展中国家公共物品普遍处于短缺状态，特别是目前我国农田水利设施建设投入普遍不足，并不存在投资拥挤状态，公共投资的增加对私人投资的增长呈正向作用（Lutifiet et al.，2005；Fisher et al.，1998；尹文静等，2012）。由于政府的投资能力局限，往往只能选择投入到少数村庄，在政府投资的公共项目中，政府投资的同时往往要求村庄和农民投入相应的资金或者劳动力进行配套投资。因此，政府是否进行投入、投入量的大小以及相应村庄承诺的配套情况成为了影响农户投资小型农田水利设施决策的最主要因素（孔祥智等，2006）。

6.2.4 本节小结

农户作为其利益与小型农田水利设施状况最密切的独立经营者，理应成为农村小型农田水利工程的建设与投入的主体。但是由于农田水利的公共物品特征，分散的小农户难以自发组织，且受当前农业比较收益低下、农民收入多样化等多种因素的影响，农户对小型农田水利设施的投资严重不足。

农户投资决策往往考虑到其投资行为是否能够获利，只有当投资预期收益大于投入时，农户才有可能选择投资。本节通过涉农企业介入后对农户水利设施投资的需求、供给能力以及政策影响这三个方面的理论分析，结果表明：涉农企业介入提高了农业比较收益，激发了农户从事从业生产的积极性，并通过规模化专业化的经营模式增加了农户对水利设施的需求；农业收入的增加提高了农户对农田水利设施的资金供给能力，但其促进的非农就业一方面将大量农村劳动力转移导致对水利投资劳动力供给能力的降低；另一方面，涉农企业促进非农就业又可能将非农收入带回家庭提高了农户对水利基础设施的资金供给能力。因此，涉农企业介入对农户供给小型农田水利设施的供给能力存在劳动力及资金两个不同方向效应。此外，政府涉农企业引入过程中对农田水利基础设施的公共投资更是影响了农户的私人投资。

6.3 涉农企业介入对小型水利设施私人投资的影响：实证检验

上一节通过理论分析了涉农企业介入对实现农村小型农田水利设施私人供给的影响。除涉农企业介入带来外部环境的变化以外，农户家庭特征以及村庄基础设施同样是影响农户对农田水利基础实施投资的重要方面，本节通过建立经济计量模型控制农户家庭特征以及村庄特征等影响因素，实证检验涉农企业介入对农户小型农田水利设施私人投资的影响。

6.3.1 估计方法

本节使用的数据为 2010 年 5 月份对甘肃省民乐县的实地调研数据。对该县三大类地区随机选取 10 个乡镇，按照各个乡镇的海拔高度、村庄数量和人口数量，选择 21 个村庄作为农户调研样本村，每个村随机抽取 15 户农户，删除缺失重要变量的 3 户农户，获得有效农户数据 312 户。但是由于农户私人投资收到村级公共投资的影响，而其中一个村由于村领导不在而导致村级问卷缺失，删除该村 15 户农户。本书所利用的为 2009 年 297 户对小型农田水利设施的投资决策以及农户家庭特征和农业生产数据。

农户对小型农田水利基础设施的投资包括对末端斗、农、毛渠的建设以及维护与改进这两个方面。其中渠系建设是指投资建设一个新的渠道以扩大灌溉面积，而渠系维护改进指在原有渠系的基础上投资维修以减少灌溉水资源在运输过程中的损失。相对于渠系维护改进，渠系建设需要投入更多的劳动力或资金。因此，农户在小型农田水利基础设施的投资决策存在不投资、投资新建渠道以及投资维护或改进渠道这三种选择。

调研的 297 户农户中有 31.65% 选择了投资渠系，其中 4.04% 的农户选择投资新建渠系，而 27.61% 的农户选择维修或改进渠系。因此，本书选择 Multinomial Logit 模型（简称"ML"模型）来分析涉农企业介入对农户水利设施投资决策的影响。使用随机效用法，假设第 i 个个体选择第 j 种行为所能带来的随机效用为：

$$U_{ij} = x_i'\beta_j + \varepsilon_{ij} \quad (i = 1,\cdots,n; j = 1,\cdots,J) \tag{6-1}$$

具有特征 X 的农户面临第 j 个行为的概率为：

$$P(y_i = j \mid x) = \begin{cases} \dfrac{\exp(x_i'\beta_j)}{1 + \displaystyle\sum_{k=2}^{J} \exp(x_i'\beta_k)} & (j = 2,\cdots,J) \\[3ex] \dfrac{1}{1 + \displaystyle\sum_{k=2}^{J} \exp(x_i'\beta_k)} & (j = 1) \end{cases} \tag{6-2}$$

可以看出，以上各种选择的概率之和为 1，假设"选择 $j = 1$"或者"选择 $j \neq 1$"两者必选择之一，因此"选择 $j \neq 1$"发生的概率为：

$$P(y = j \mid y = 1 \text{ 或 } j) = \frac{P(y = j)}{P(y = 1) + P(y = j)} = \frac{\exp(x_i'\beta_j)}{1 + \exp(x_i'\beta_j)} \quad (6-3)$$

选择 $j = 1$ 所对应的行为选择为"参照组"（Base Category）。"选择 $j = 1$"或者"选择 $j \neq 1$"几率比（Odds Ratio）为：

$$\frac{P(y = j)}{P(y = 1)} = \exp(x_i'\beta_j) \quad (6-4)$$

故对数几率比（Log-odds Ratio）为：

$$\ln\left[\frac{P(y = j)}{P(y = 1)}\right] = x_i'\beta_j \quad (6-5)$$

通过最大似然估计法，则可得到估计系数。

6.3.2　变量选择

对农户水利设施投资的影响因素除涉农企业介入带来的一系列外部因素特征因素，农户户主特征、家庭特征以及自然禀赋特征都是影响农户对小型农田水利设施投资的重要因素。影响农户参与农村小型农田水利设施投资因素的变量解释及其可能影响方向见表 6-2。

表 6-2　农户小型农田水利设施投资行为影响因素及预期方向

	变量名	变量解释	预期影响方向
户主特征	年龄	户主实际年龄	+／-
	受教育程度	户主实际受教育年限	+／-
	是否有非农经验	户主有非农就业经验为 1，没有为 0	+／-
	是否是领导	户主是领导为 1，不是领导为 0	+
家庭特征	家庭是否加入 WUA	家庭加入 WUA 为 1，没有加入为 0	+
	劳动力占总人口比例	劳动力占家庭总人口比例	+
	家庭收入	家庭总收入	+
	存款级别	1 = 0，2 = 0 ~ 5 000，3 = 5 000 ~ 10 000，4 = 1 ~ 15 000，5 = 15 000 ~ 50 000，6 = >50 000	+

变量名		变量解释	预期影响方向
自然禀赋	水浇地面积	家庭需要灌溉的水浇地面积	+
	水资源稀缺程度	水权面积/家庭土地总面积	−
	村庄末级渠系损失率	村庄末级斗、农、毛渠损失率	+
涉农企业介入变量	马铃薯种植面积	家庭马铃薯种植面积	+
	是否种植大西洋马铃薯	种植了大西洋新品种为1，没有种植为0	+
	马铃薯收入	农户销售马铃薯所获得收入	+
	村庄是否已有连片种植大西洋	连片种植大西洋的村为1，没有为0	−
	村庄2009年是否有政府投资	村庄有政府公共投资为1，没有为0	+

6.3.2.1 户主特征

（1）年龄

年龄对农户水利设施的投资影响存在两个方面的可能性。一方面由于年龄越大的农户，从事农业生产的经验更加丰富，且由于缺乏技能及体能而更加依赖农业水利设施，对水利设施的需求更大；而另一方面年龄越大的农户，信息接受能力相对较差，且思想也趋于更加保守，对农田水利设施可能带来的收益预期较低，也可能更不愿意投资水利设施。因此，年龄对农户小型农田水利投资的影响方向并不明确。

（2）受教育程度

户主受教育程度对农户水利设施的投资影响也存在两个方面的可能性。一方面受农民文化程度高越能意识到水利设施投资的重要性和可能带来的预期收益，因此投资水利设施的可能性也越高，而另一方面农户受教育程度越高，其参与其他非农活动的机会成本越大，越可能进行兼业或从事其他非农经营活动，因此对农业灌溉的依赖性越小，投资水利设施的可能性也越小。

（3）非农经验

户主丰富的非农就业体现了农户能力特征。一方面，有非农经验的农户其拥有的知识和信息量要远高于没有非农经验的农户，对农田水利基础设施的认识更深刻，因此更可能投资农田水利设施；而另一方面，非农就业的收入往往比从事农业生产的收入高，农户对农业生产的积极性降低，对农田水利的投资也会相应降低，因此非农经验对农户投资小型农田水利的影响也存在着正方两个可能方向。

6.3.2.2 家庭特征

（1）社会资本

影响农户自愿供给农村社区内的公共物品的一个重要因素是社会资本。社会资本的增加会降低农户参与集体行动的成本，并有可能增加参与集体行动的直接收益，从而提高农户参与水利投资水利设施的积极性（赵永刚等，2007）。社会信任及社会参与对农户参与农村社区小型农田水利意愿往往有正向的影响（王昕等，2012）。本书以户主是否是村领导以及家庭是否参与用水者协会两个指标来衡量农户社会资本。

由于农村组织建设一般都是由村领导带头实施，而且村领导往往在社会社交中获得的信息能力更强，对水利设施的重要性认识更明确。虽然原则上研究区域按照一家出一个代表参加用水者协会，但实际上农户对用水者协会了解十分少，有的农户甚至不知道自己是否加入用水者协会。因此当农户知道用水者协会，说明其信息获取能力强，社会参与度越高，则合作意愿强，则可能更愿意投资小型水利基础设施。

（2）劳动力特征

农户家庭劳动力特征代表农户对水利设施的劳动力供给能力。家庭劳动力占家庭总人口的比例越高，则越有充足的劳动力来参与农田水利建设，农户更可能参与小型农田水利基础设施的投资。

（3）财富特征

农户家庭财富特征包括两个指标：一是家庭总收入；二是家庭存款。这两个变量代表其对水利设施投资的资金供给能力。当农户家庭收入越多或者存款越多，其对农田水利设施的资金供给能力越高，更有可能参与对农田水利设施的供给。

6.3.2.3 自然禀赋

（1）家庭种植特征

一般意义上来讲，家庭需要灌水的水浇地面积越大，则对水资源的需求越大，对水利设施的依赖也越强，因此家庭水浇地面积越大的农户更倾向于投资小型农田水利基础设施。

（2）家庭水资源特征

根据民乐县当地情况，对农业灌水的配置是根据农户初始水权面积进行分配。但农户在初始水权面积判定后可能有开荒行为，农户拥有的实际土地面积则可能大于初始水权面积，因此水权面积占实际土地面积的比例越大，该农户拥有的水资源越丰富，相反，水权面积占实际土地面积的比例越小，则农户水资源越稀缺。水资源越稀缺的农户往往更加倾向投资小型农田水利设施。

（3）村庄末级渠系状况

村庄中农户参与的水利设施投资主要是末级斗、农、毛渠系，因此如果村庄末级渠系损失率越低，则说明村级渠系状况越好，能满足农户灌溉需求，农户私人投资水利设施的可能性则越低。而相反的，如果村庄末端水利设施渗透率越高，农户则更倾向修建水利基础设施。

6.3.2.4 涉农企业介入变量

（1）马铃薯种植规模

由于研究区域马铃薯产业化的发展，大力推广农户对马铃薯的种植，而马铃薯作为一种相对需水量较大的作物，如果农户种植马铃薯的面积越大，对水资源的依赖性也越大。

（2）是否种植大西洋新品种

大西洋新品种作为该地区马铃薯产业新引进的品种，为推广大西洋品种的种植，除了给连片的马铃薯提供优先配水权，且对大西洋灌溉时间根据其需水规律与其他作物并不一致，种植了大西洋品种马铃薯的农户往往对渠系的要求更高。由于研究区域根据大西洋马铃薯的生长特性，对所有大西洋马铃薯种植调整了其灌水时间，即在对其他作物固定的灌水轮次基础上，调整了对大西洋品种的额外灌水轮次。因此种植了大西洋品种的农户，其对灌水的需求一致，利益能较好的协调统一，该地区农户较容易组织起来投资水利基础设施。

（3）马铃薯收入

由于马铃薯产业化的发展，马铃薯种植已经不仅局限于满足农户家庭食物的需要，而是成为增加家庭收入的重要经济作物。当从马铃薯销售中获得的收益越高，农户对马铃薯种植积极性也越高，马铃薯属于需水较多的作物，其对水利设施的依赖性增加导致对其需求增加，同时收入的增加也提高了农户对小型农田水利设施投资的资金供给能力。

（4）村庄是否已有连片种植大西洋

由于民乐县为推广大西洋品种的种植，从 2008 年起对连片种植的大西洋提供优先配水政策，且对连片种植的村实施灌溉配套。因此连片种植大西洋的村庄，则意味着在 2008 年该村的农业基础设施已经得到了政府给予的水利设施配套，水利设施已经较为完善，则其私人投资水利设施的可能性越低。

（5）村庄 2009 年是否有政府投资

如果政府在 2009 年当年对该村庄水利设施给予公共投资，由于研究区域水利设施的严重缺乏，政府公共投资则可能带动农户的当年私人投资。

因此，涉农企业介入变量选取农户家庭马铃薯种植面积、马铃薯收入、是否种植大西洋品种、村庄是否已有连片种植大西洋以及村庄当年是否有政府投资这几个变量。对影响农户水利设施投资的具体变量描述性统计见表 6-3。

表 6-3　农民小型农田水利设施投资行为影响因素描述性统计

	变量名	平均值	标准差	最小值	最大值
户主特征	年龄/岁	46.33	10.08	23	78
	受教育程度/年	7.51	3.49	0	15
	是否有非农经验（0/1）	0.56	0.50	0	1
	是否是领导（0/1）	0.14	0.35	0	1
家庭特征	是否加入 WUA（0/1）	0.44	0.50	0	1
	劳动力占总人口比例/%	0.73	0.22	0.25	1
	家庭收入/万元	3.02	2.43	0.21	22.15
	存款级别（1~6）	1.62	1.28	1	6
自然禀赋	水浇地面积/亩	18.43	12.76	1.6	80
	水资源稀缺程度/%	0.75	0.25	0.06	1
	村庄斗农毛渠损失率/%	23.16	10.82	10	45
涉农企业介入变量	马铃薯种植面积/亩	1.13	3.12	0	52
	是否种植大西洋马铃薯（0/1）	0.28	0.45	0	1
	马铃薯收入/万元	0.07	0.12	0	0.91
	村庄是否已有连片种植大西洋（0/1）	0.15	0.36	0	1
	村庄 2009 年是否有政府投资（0/1）	0.20	0.40	0	1

6.3.3 独立样本 t 检验

本节首先利用独立样本 t 检验分析影响农户水利设施投资的各因素在新建、维修或改进及不投资渠系农户之间是否存在差异，具体结果见表6-4。

表6-4 不同投资决策影响因素的独立样本 t 检验

变量名		不同投资决策的平均值		
		新建渠系	维修或改进渠系	不投资渠系
农户特征	年龄/岁	49.16	46.38	46.15
	受教育程度/年	5.83*	7.27	7.71
	是否有非农经验（0/1）	0.33	0.59	0.56
	是否是领导（0/1）	0.08	0.22**	0.12
家庭特征	是否加入 WUA（0/1）	0.25	0.39	0.47
	劳动力占总人口比例/%	0.81	0.74	0.73
	家庭收入/万元	2.42**	1.60	1.58
	存款级别（1~6）	5.41***	3.00	2.89
自然禀赋	水浇地面积/亩	0.77	0.78	0.75
	水资源稀缺程度/%	18.16	18.64	18.36
	村庄斗农毛渠损失率/%	20.83	22.81	23.44
涉农企业介入变量	马铃薯种植面积/亩	1.35	1.16	1.11
	是否种植大西洋马铃薯（0/1）	0.33	0.29	0.27
	马铃薯收入/万元	0.07	0.08**	0.06
	村庄是否已有连片种植大西洋（0/1）	0.08	0.12	0.16
	村庄2009年是否有政府投资（0/1）	0.75***	0.25**	0.15

注1：*** 表示在1%程度上显著，** 表示在5%程度上显著，* 表示在10%程度上显著。

注2：表中的独立样本 t 检验是相对于不投资的分析。

由独立样本 t 检验结果可以看出：新建渠系的农户其户主平均受教育年限为5.83，不投资的受教育年限为7.71，说明户主受教育年限越少的农户越倾向新建渠系；新建渠系的农户家庭平均收入为2.42万元，家庭平均存款级别为

5.41，而不投资渠系的农户家庭平均收入为 1.58 万元，家庭平均存款级别为 1.58，说明越富裕的农户对水利设施新建资金供给能力越强，越倾向于新建渠系；此外 75% 的农户所在村庄有政府投资而新建渠系，而 15% 的农户所在村庄有政府投资但没有新建渠系，说明有政府投资的村庄，农户更倾向新建渠系。

22% 的农户是领导而维修或改进了渠系，12% 的农户是领导但是没有投资，说明了领导更倾向于维修或改进渠系；维修或改进渠系的农户种植马铃薯平均收入约为 0.08 万元，而不投资渠系的农户种植马铃薯收入约为 0.06 万元，说明马铃薯收入越高的农户越倾向于维修或改进渠系；此外 25% 的农户所在村庄有政府投资而维修或改进渠系，15% 的农户所在村庄有政府投资但没有维修或改进渠系，说明了有政府投资的村庄，农户更倾向维修或改进渠系。

6.3.4 结果及分析

独立样本 t 检验通过统计各因素在农户选择新建渠系、维修或改进渠系以及不投资渠系之间是否存在差异，但并未深入综合分析各因素的影响大小及方向，利用 Stata 统计软件对农户数据进行 Multinomial Logit 计量回归。具体结果见表 6－5。

表 6－5　农户投资小型农田水利设施行为影响因素估计结果

变量名		小型农田水利设施投资			
		新建渠道		维修或改进渠道	
		系数	Z 值	系数	Z 值
控制变量					
农户特征	年龄（ln）	− 4.98 **	− 1.98	− 0.21	− 0.30
	受教育程度（ln）	− 0.58 ***	− 2.47	− 0.05	− 0.55
	是否有非农经验	− 2.60 **	− 2.37	0.16	0.48
	是否是领导	0.48	0.30	0.84 **	2.18
家庭特征	是否加入 WUA	− 2.77 *	− 1.80	− 0.44	− 1.50
	劳动力占总人口比例	4.68 *	1.84	0.05	0.08
	家庭总收入（ln）	1.32 *	1.72	− 0.11	− 0.39
	家庭存款级别	0.64 *	1.92	− 0.03	− 0.27

续表

变量名		小型农田水利设施投资			
		新建渠道		维修或改进渠道	
		系数	Z 值	系数	Z 值
自然禀赋	水浇地面积比例	−0.02	−0.33	0.01	0.73
	水资源稀缺程度	−1.72	−0.74	1.03	1.58
	村庄斗农毛渠损失率	−0.30**	−1.96	−0.01	−0.78
自变量					
涉农企业介入变量	马铃薯种植面积	0.07	0.35	−0.05	−0.74
	是否种植大西洋马铃薯	2.39*	1.75	0.27	0.83
	马铃薯种植收入	0.00	−0.51	0.00**	1.88
	村庄是否已有连片种植大西洋	−3.24*	−1.82	−0.59	−1.35
	村庄2009年是否有政府投资	8.03***	3.01	0.90***	2.47
常数项		3.03	0.24	−0.02	0.00
观察值数（Numbuer of obs）		297			
似然比卡方［LR chi2（36）］		75.50			
Prob > chi2		0.00			
对数似然值（Log likelihood）		−183.54			
伪决定系数（Pseudo R2）		0.176			

注：*** 表示在1%程度上显著，** 表示在5%程度上显著，* 表示在10%程度上显著。

从模型拟合度可以看出，模型卡方检验统计上显著，Log likelihood 值为−183.54，因此可以认为方程总体显著，Pseudo R2 为0.176，这对于截面数据来说是合理的。模型大多变量影响显著，且与预期影响方向基本相符。下面对农户马铃薯种植决策的影响因素显著性及影响方向的计量结果进行详细分析：

6.3.4.1　户主特征

农户年龄显著负向影响了农户参与水利基础设施新建，说明了年龄越大的农户越不愿意投资新建农田水利设施。受教育程度也通过了显著性检验，且其系数符号也为负，文化程度高的农户越不愿意投资新建农田水利设施。非农经验也显著负向影响了农户参与水利基础设施新建，有非农经验的农户因对农业生产积极性降低而更不愿意投资新建水利渠道。

户主特征中，年龄、受教育程度、是否有非农经验都没有显著影响农户维修或改进渠道，但是村领导显著正向影响农户维修或改进渠道的决策，作为村领导的农户在修建或改进渠道中有带头作用，往往会更倾向农田水利的维修或改进。

6.3.4.2　家庭特征

社会资本中是否知道参与 WUA 农户通过了显著性检验且符号为负，说明了知道家庭参与了 WUA 的农户反而不愿意投资新建渠道，这与理论预期不一致。但与朱红根等（2010）研究结论相似，社会资本不显著的其原因可能是由于作为反应农户社会参与程度的代理变量，参与协会的农户家庭往往具有更广的社会资源和社会关系，在信息、资金和技术方面都能互相支持，因此对于农业生产中抵抗风险的能力相对更强，对农田水利的依赖也越小。

家庭劳动力占总人口比例正向显著影响农户投资新建水利设施，说明家庭劳动力越充足，因此投资新建渠道的劳动力供给能力越高。家庭收入与家庭存款都正向显著影响农户新建水利设施的决策，说明越富裕的农户在资金上的约束越小，因此更有资金能力投资新建水利设施。

但是家庭特征中劳动力特征以及资金特征并没有影响到农户维修或改进渠系，这可能是由于与维修或改进渠系所需的劳动力及资金的需求较小，劳动力与资金对维修或改进渠系行为约束较小。

6.3.4.3　自然禀赋

由农户承担的末级斗农支渠的损失率越严重，农户反而越不维护及改进渠道，这和理论预期相反。可能的原因是由于研究区域斗农毛渠大多是石头构造，甚至有的是土渠或草渠，其损失率最高到达 45%。对其维护和改造所需的初始成本很大，农户往往不愿意出太多的资金或劳动力或者没有能力来投入渠道，因此末级渠系损失率越高，农户反而越不愿意对投资其维护或改进。水浇地面积及水资源稀缺程度都没有显著影响农户对小型农田水利设施投资决策。

6.3.4.4　涉农企业介入变量

由于研究区域马铃薯产业化的发展尚处在发展的初级阶段，对马铃薯种植未达到规模化的标准，马铃薯种植面积并没有影响到农户对水利基础设施的新建或者维修。但是地方政府对大西洋新品种的优先配水政策，以及与其他作物不同轮次的灌水提高了农民对水利基础设施的需求，由于收益来源一致也更容易被组织起来投资水利设施，因此种植了大西洋马铃薯的农户更倾向合作投资小型水利设施。大西洋新品种的种植显著正向影响到农户新建水利设施的决策。

马铃薯收入越高的农户更倾向于维修或改进渠系，这一方面由于马铃薯收入越高，农户种植马铃薯积极性越大，因此对水利设施的需求也越高；另一方面马铃薯收入的增加也提高了农户对水利设施投资的供给能力。

如果村庄已经有连片种植了大西洋马铃薯，说明政府对水利设施的配套已经较为完善，因此农户对渠道的新建或者维护及改进的私人投资意愿则越低。

当年村庄渠系的政府公共投资显著正向促进了农户投资新建及维护改进水利渠道。由于研究区域水利投资严重缺乏，政府的公共投资将提高私人投资的边际产出，因此政府公共投资对农户私人投资起到了促进及带动的作用。

6.4 本章小结

本章通过对税费改革之后小型农田水利设施供给的困境分析中可以看出：国家逐渐退出小型农田水利设施的供给；地方政府存在资金短缺的困境，且对小型农田水利设施投资动力不足；农村集体在取消"两工"及共同生产费之后，对农民的组织无力；而农民自身由于小型农田水利的公共物品性质，对其需求及供给能力不足，对农田水利投资意愿低下。小型农田水利设施一直被认为是农村公共物品，政府负责对其投资。但是通过对其公共物品的性质分析可以看出：小型农田水利作为具有典型俱乐部性质的地方准公共产品，其收益完全可以实现排他，因此可以实现其私人供给。

农民对小型农田水利设施这种准公共物品的私人投资取决于其投资行为是否能够获利。涉农企业在介入农村之后，农户对小型农田水利设施的需求、供给能力以及村级政策因素均受到了影响，这在一定程度上改变了农户对小型农田水利的投资决策。通过甘肃省民乐县马铃薯产业化的发展实证验证可以看出，虽然研究区域马铃薯的推广仍处在开始阶段，马铃薯种植并没有形成规模化的种植，马铃薯种植面积对农户水利设施投资的影响不显著。但是马铃薯产业化推广了大西洋品种的种植显著影响到农户新建水利设施的决策，这与大西洋本身需水特性以及地方政府对大西洋的优先灌水政策以及配水时间的调整增加了对水利设施需求等原因息息相关。此外，地方政府通过招商引资实现经济增长，涉农企业介入激励了地方政府对农村基础设施投资的动力，由于研究区域对公共产品的投资严重缺乏，政府投资显著带动了农民对小型农田水利的私人投资。

第**7**章

涉农企业介入对水土资源利用效率的影响

我国西北区域大部分地区为干旱半干旱地带，降水稀少，蒸发量大，水资源极为短缺。特殊的气候环境使得水资源成为我国西北地区农业发展的主要限制因素，水资源严重不足导致农地资源未能深度开发利用，农业发展潜力并未充分发挥（张俊飚等，1998）。随着西部地区经济的迅速发展，对水资源的利用强度必然更大，区域内水资源供需矛盾也必然更加突出。非农行业和农业对水资源的竞争越来越激烈，水资源被大量转移到工业用水及生活用水上，未来农业用水数量的需求越来越高，其供给根本跟不上需求。南水北调工程虽然在一定程度上能缓解西北部水资源稀缺问题，但是由于工程浩大，需要花费大量资金，决策者对资金密集型水资源调动的推动也过于低效（Varis et al.，2001）。然而与水资源严重稀缺不相协调的是，该区农业水资源浪费现象仍然十分严重，由于长期局限于传统的粗放经营和外延扩大再生产的发展方式，其农业生产主要依靠增加要素的投入量（特别是水资源这个制约要素）来获得产出的增长，再加上管理不善、设施老化、节水灌溉技术推广乏力及对基础投资的不足等原因，水土资源利用效率十分低下。因此，提高资源利用效率，减少水资源浪费，不仅是打破水资源限制，发展农业本身的需要，也是解决西北部缺水问题的最基本、最有效的途径。

农户作为农业生产最基本的组织单元，是农业资源的主要利用者，其经营投入决策直接影响到农业资源利用效率。近年来，随着市场经济的不断发展，农业产业化促进涉农企业逐步介入农村，引导小农户进入大市场，特别是在以农业发展为主的西北地区，丰富的土地资源以及光热条件十分有适合特色农作物的发展，农业产业化的发展成为该区域促进农业经济发展、提高农业收入的重要发展方向。而"涉农企业 + 农户"作为农业产业化中最普遍的经营模式在农村地区发展，涉农企业的介入往往给该地区带来一系列外部因素的变化，这些外部因素直接影响到农户生产行为，且其带来规模化专业化的生产方式以及对节水技术的投资，综合影响了农户生产技术效率及水土资源利用效率。

因此，为分析涉农企业介入对我国西北农户生产技术效率及水土资源利用效率的影响，以甘肃省民乐县马铃薯产业发展为例，首先测算农户马铃薯生产技术效率，在此基础上测算水土资源利用效率，建立影响因素分析模型，分析涉农企业带来外部环境的变化因素对农户技术效率及水土资源利用效率的影响，最终提出合理引导涉农企业介入，带动农户提高水土资源利用效率的政策建议。

7.1　涉农企业介入对水土资源利用效率的影响：理论分析

7.1.1　理论分析

传统的经济理论认为经济增长主要源于要素投入（外延式发展）和生产率提高（内涵式发展）。由于西北部特殊自然地理状况，降水非常稀少，地下水缺乏，干旱严重。而随着西北地区经济的迅速发展，对水资源的利用强度必然更大，区域内水资源供需矛盾也必然更加突出，未来用水量需求越来越高，供给根本跟不上需求。因此，我国西北地区的经济增长要通过提高要素投入是相对困难的，且从长远来看经济增长不能仅依靠增加有限的资源的投入，因此，解决水资源稀缺更好的方法是提高水资源利用效率。

农户作为农业生产最基本的组织单元，是农业资源的主要利用者，其生产决策直接影响到农业资源的利用效率。在大量文献研究中，研究者们关注到了农户或者是农场等内在的特征是如何影响到水资源的利用效率的问题。Dehehibi 等（2007）利用突尼斯纳布尔地区 144 个农场数据估计了生产技术效率及农业用水效率，并发现农场主年龄、农场规模、教育水平、农业技能培训以及农场主对水资源可利用性的察觉会对生产技术效率及农业用水效率有显著影响。Speelman 等（2007）基于南非兹拉斯特地区 60 个农户调研数据计算灌溉用水效率，分析得出农场规模、土地产权、土地细碎化程度、种植结构以及灌溉方式会对灌溉用水效率有显著影响。王晓娟等（2005）利用河北省石津区 205 户农户 3 年调研数据，测算该区生产技术效率及农业灌水效率，并认为提高渠水使用比例、提高水价、采用节水灌溉技术以及建立用水者协会，对灌水效率的提高有积极作用。王学渊等（2008）利用 1997—2006 年省级面板数据，对灌水效率的影响因素分析表明减少水密集型作物种植、新建和改造农田水利、调整农业用水供给系统、加强农业水资源需求管理、采取有利于增加农户节水积极性的经济措施均有利于农业用水效率的提高。

目前研究还较少的关注到涉农企业介入农业生产如何影响到自然资源的利用效率的问题，特别是较少关注在中国特有的涉农企业介入农业生产的模式和运作机理以及对自然资源利用的影响。近年来在中国发展起来的农业产业化的模式，逐步使得原本脱离市场的"小农户"逐渐走向了"大市场"，农户生产决策也不再独立封闭，而是相应逐渐更多受到市场价格、销售方式和销售合同等的外部生产环境的影响。农业产业化的推行促进了涉农企业介入农村，并成为连接农户与市场重要的中介组织。因此关注涉农企业介入农业生产如何影响农户的生产经营决策，进而影响农户对水资源利用的决策，应该是在目前水资源短缺背景下一个重要的研究内容。

近年来，农业产业化作为一种新型生产经营方式在我国广泛推广实施，被认为不仅是发展农业经济、增加农民收入的重要途径，更是粗放型数量型增长向集约效益型增长、资源型农业向资源替代型农业、传统农业向现代农业转化的根本路径和唯一选择（石元春，2002）。在水资源极度稀缺，土地资源相对丰富的西北部地区，通过涉农企业介入正确引导农户生产行为，将经济增长、农业产业结构调整、农民脱贫致富和资源合理利用结合起来，加快粗放型数量型增长向集约型效益型增长转变的农业生产方式。

首先，涉农企业的介入促进了当地的种植结构调整，扩大了农业生产的平均规模。农业产业化立足于本地资源优势，实现农产品加工，提高农产品附加值，提高农业比较利益，在不改变现存家庭联产责任承包制的基础上，将广大农民逐步引入市场，将农业生产与服务、加工和销售联合起来，农民通过龙头企业成为市场化的主体，进行专业化的生产。在此过程中，龙头企业通过培育主导产业，指导农民经营方向、经营项目及农产品销售问题，将农民吸收在产业链里面，成为商品基地的基本生产单位，推进农民集中种植，形成规模化、专业化生产，解决农民分散经营的局限性，提高农民生产经营的能力。并通过将农业生产与农产品加工、运销、综合利用等环节有机结合起来，调高农业产品商品率，增加农民收入，提高农民生产的积极性。涉农企业的介入从根本上改变了农户生产经营方式，促使传统粗放的经营方式向现代集约化生产转变。

但是对生产规模与生产效率的研究一直存在着争议而未达到共识，已有大量研究分析生产规模与农业效率之间的关系时，发现两者的关系是非常复杂的，Bizimana 等（2004）通过对非洲卢旺达的研究表明土地规模与农业效率之间存在负向关系。曹慧等（2006）对江西集体林区农户技术效率的测算及影响因素分析认为，规模化生产对农户技术效率有正的影响，农地过于细碎不利于生产发展。而李谷成等（2009）通过对湖北农户数据分析表明，土地规模并不影响采用农业前沿技术以达到最大潜在可能产出能力的技术效率。

其次，涉农企业往往为农村一些地区引入了新技术和新品种。为确保产品符合市场需求，企业为农户引入良种，并推广栽培以及防治病虫害等技术措施。新技术的引入被认为有利于生产技术效率的提高，然而章立等（2012）通过浙江省农户调研数据研究发现由于技术推广不完善，农户对新技术的掌握需要一段时间，因此新品种在引入初期往往处于非技术效率的状态，但随着农户使用新技术和生产经验的积累，这种技术无效则会逐渐降低。而政府在新技术新品种的推广过程中也可能出现服务错位的现象，在不了解市场行情的情况下，通过对产业化的优惠政策的实施促使农户改变经营品种及经营方向，导致挫伤农户的生产积极性（唐友雄，2009）。

对技术的引入和完善也包括对节水型技术的选择。一方面涉农企业介入对规模化专业化经营模式的转变提高了农户对农业生产技术的需求，特别是在西北地区水资源严重稀缺的地区，水资源是决定农地资源利用效率的主要限制因素，因此水利设施成为农户实现规模化专业化生产的重要基础设施。另一方面涉农企业作为联系农户与市场的重要中介组织，其追求最大利润的特性，促进了地区经济发展、产业结构调整以及当地农业市场的发展，提高了农业比较利益，改变了农业的弱势地位，增加了农民收益。并以市场为导向、经济效益为中心，通过一体化的经营方式将市场信息、技术服务、销售渠道直接有效传达给农户，带动农户按照市场需求组织生产和销售，降低农户市场交易成本。农户农业收入的增加不仅提高了农户从事农业生产的积极性，同时也提高了农户对水利基础设施的供给能力。

最后，涉农企业的引入同样完善了当地的农业市场。涉农企业介入当地农业生产提高了农产品的商品率，增加了农户的收入，激发了农户的生产积极性，有助于农户技术效率的提高。柯福艳等（2011）通过对国家现代养蜂产业体系蜂农固定观察点数据分析家庭养蜂技术效率，发现如果养蜂收入占家庭收入比例较高，则养蜂技术效率较高。曹暕等（2005）对奶牛生产技术效率的影响因素分析得出类似的结论，如果养牛收入占总收入比例越高，对农户激励越大，养牛农户则更加专注奶牛生产，对技术效率有正的影响。涉农企业带来的销售渠道的扩展不仅更方便农户农产品的销售，同时涉农企业以及其他主体和农户形成的稳定的收购关系也降低了农产品的销售风险，消除农户生产的不确定性。且涉农企业和当地农户合作过程中往往通过签订协议可以降低对风险的预期，在此过程中企业也会提供相应的技术指导，这些都有利于提高农户农业生产的技术效率（曹暕等，2005）。陈诗波等（2009）研究表明农业企业对农业生产技术效率的拉动主要体现在规模化生产、便捷农产品销售以及通过企业向农户技术扩散等方面。

技术效率的分析总是基于生产者的投入与产出，在一定的技术条件下，实现投入的最小或者产出的最大。技术效率通常受到管理效率、环境特征以及随机误差的影响，其中管理效率的影响是内生的，而环境特征及随机误差的影响都是外生的（图7-1）（李然等，2009）。由于随机误差的不可避免性，因此，本章对农户技术效率的研究主要侧重于对涉农企业介入带来的一系列环境特征影响的研究上。而生产技术有效率的农户其资源利用也有效率，因此对资源利用效率的测算往往通过农户生产技术效率估计。

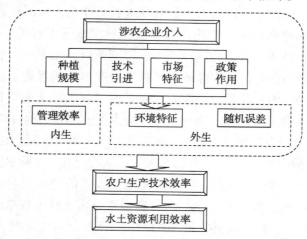

图7-1 涉农企业介入对水土资源利用效率影响分析框架

综上所述，农业产业化作为一个完整的产业，通过涉农企业介入对市场的完善、新品种新技术的推广，促进农户规模化生产方式的转变等因素影响到农户生产技术效率以及水土资源利用。农户决策对外部环境变化如何做出合理的响应判断是农户自主配置生产资料提高利用效率的关键（李二玲等，2010）。在现有技术水平及管理方式下，通过涉农企业介入从外部环境上激励农户提高水资源利用效率，对解决农村地区水资源稀缺，减少水资源浪费有着十分重要的意义。因此，为分析涉农企业介入农业生产是否影响农户技术效率及水土资源利用，首先需测算该地区农户生产技术效率，并在此基础上测算水土资源利用效率，根据本书研究目的及上述理论分析首先构建理论模型。

7.1.2　理论模型

经济增长理论中最初以经济学家索罗（Solow）为代表的两途径增长理论发展到目前普遍认可的三途径增长理论。在图 7 – 2 中，可以看出曲线 $F_1(x)$ 表示时期 1 前沿生产函数，$F_2(x)$ 表示时期 2 前沿生产函数，从整个时期来看，当投入从 X_1 增加到 X_2 时，产出从 Y_1 增加到 Y_3，其中从产出 Y_1 增加到 Y_2 是由于投入增加从 X_1 到 X_2 所引起的，而产出 Y_2 增加到 Y_3 是则是由于技术进步引入的。这两种产出的增长方式则是传统的两途径增长理论，分别通过投入增长和技术的变化实现产出的增长（Solow，1957）。如果上述假设生产是完全有效的话，生产则应沿着前沿函数曲线进行，即投入相同的成本得到的产出则落在前沿函数曲线上，产出的差异是由技术水平引起的。但是实际上，在一定的技术条件下，投入相同的成本，得到的产出也不一定相同，这是由于技术效率不同所引起的，这样传统的两途径产出增长理论则发展到三途径增长理论，即经济增长的另一个有效途径是由于技术效率的增长。在生产完全有效率时，当投入为 X_1 时，在时期 1 产出为 Y_1；当投入为 X_2 时，时期 2 的产出为 Y_3。但由于生产存在无效率，在时期 1 投入 X_1 的实际产出为 Y_1'，在时期 2 投入 X_2 实际产出为 Y_3'，这样因为技术无效的存在，实际总产出增加量为 $Y_3' - Y_1'$。这由三部分构成的，一部分是由于投入的增加引起的为 $Y_2 - Y_1$，一部分是由于技术进步为 $Y_3 - Y_2$，另一部分则是由于技术效率提高为 $(Y_1 - Y_1') - (Y_3 - Y_3')$。综上所述，产出的增加 $(Y_3' - Y_1')$ ＝投入增加 $(Y_2 - Y_1)$ ＋技术进步 $(Y_3 - Y_2)$ ＋技术效率提高 $[(Y_1 - Y_1') - (Y_3 - Y_3')]$。对技术效率的研究意义在于在已有技术条件下，实现一定投入的最优产出或者一定产出的最小投入。

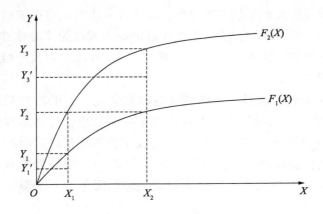

图7-2 产出增长途径

效率的实现往往要通过提高技术进步和技术效率变化这两个方面实现。技术进步是指创新或者引进新技术引起生产可能性边界外移；而技术效率则是指经济单元的实际生产活动与前沿面，即成本或产出的最优值之间的距离。技术效率的提高是逼近生产可能性边际的结果，反映的是已有技术水平下的效率情况或者对现有技术的发挥程度。可见，技术效率是衡量技术稳定使用的状况下，生产单元与前沿面的靠近程度，越靠近则表示技术效率越有效。对技术效率的研究意义在于通过挖掘现有技术，节约投入成本增加产出，促使农业走内涵式发展道路，最终实现资源可持续利用的发展。

目前已有大量研究集中于农业生产中投入要素利用效率及影响因素分析，其中代表研究包括对农业用水利用效率（Karagiannis et al.，2003；Kaneko et al.，2004；Dhehibi et al.，2007；王晓娟等，2005；王学渊等，2008）及农地利用效率（Sanzidur et al.，2008；Mahendra，2002）的研究等。但是对技术效率及偏要素利用效率测定方法仍然存在多种争议。本书主要研究目的是在农户马铃薯生产技术效率的基础上测算水土资源利用效率，然后分析涉农企业介入对农户技术效率与水土资源利用效率的影响因素。可见，对水土资源利用效率的测算是建立在精准的测算农户生产技术效率的基础之上的。因此在研究方法的选择上，综合自身研究目的及各种研究方法的优劣从以下三个方面考虑：

7.1.2.1 参数法还是非参数法

Coelli 等（1998）曾将各种技术效率评价方法做了归纳和比较，将效率的测量分成参数方法及非参数方法两种，以统计方法确定生产前沿面的方法被称为参数方法，而以数学方法确定生产前沿面则被称为非参数方法。目前应用最多的方法为数据包络分析方法（DEA，非参数法）以及随机前沿函数法（SFA，参数法）。

数据包络分析方法是一种线性规划的数学过程，借助数学规划和统计数据通过连接多个观测生产样本点形成分段曲线组合构建非参数包络前沿线，将所有观测样本包含在其中，有效点在非参数包络前沿线上其效率值为 1，无效点在前沿线的下方其效率值介于 0~1，通过明确地考虑多种投入的运用和多种产出的产生，来比较提供相似服务的多个服务单位之间的效率。

数据包络分析方法是以相对效率概念为基础的非参数评价方法，相对参数方法的优点是不用设定具体的函数形式，可以避免不适当的生产函数所产生的误差，而且评价结果与量纲选择无关，避免了权重的主观性，可以评价每个决策单元的相对效率，得出经济含义，指导决策单元输入、输出指标的改进和修正。但是数据包络评价方法也有一定的局限性，作为数学线性规划，不能对整个生产过程统计描述，无法对模型进行检验，对随机误差造成的效率损失也不能分离测算（许朗等，2011）。

而生产函数方法一直广泛应用于效率分析问题，利用生产函数（C－D 生产函数、Translog 生产函数等）的设定，生产函数法通常指利用生产函数的建立与参数的求解，将实际观察值与生产函数所要求达到的水平相比来反映资源利用效率，同时可分析投入各要素对产出的影响（Liu，2000）。在所有投入资源中，一些是确定的，一些是不确定的，还有一些是当前情况下不可测的，因此农业生产函数一般也有两种表现形式，即投入完全确定和投入不完全确定，后一种情况中通常将不确定和不可观测值作为一个随机扰动项，函数称为随机函数。

随机前沿生产函数方法在生产条件确定的情况下，可通过固定生产要素投入与可能的最大产出量之间的数量关系评价（曹慧等，2006），同样原理，也可通过生产函数模拟出固定产出与可能最小投入量之间的关系（郑煜等，2006），生产函数法可以很好的分析科技进步效果。但是也有明显的缺陷，如忽略了反映科技投入是如何影响科技进步进而导致影响农业资源利用效率，且必须事先明确生产函数（C－D 函数或者超越函数），否则不同的函数选择会导致测算结果的差异。

综合考虑到农业生产的特点，且收集的样本量较大，变量变异性较强，本书选择参数 SFA 法对农户技术效率估计。

7.1.2.2 "一步法"还是"两步法"

这两种方法在利用 SFA 方法测算技术效率的运用中一直充满了争议（武延瑞，2008）。其中"两步法"是指通过第一步估计随机前沿函数得出技术效率，第二步再分析其他解释变量对技术效率的影响及程度。对单一投入的偏要素利用效率研究往往是在第一步得出技术效率后，根据生产技术效率方程的估计参数和误差项估算，第二步再分析解释变量对偏要素利用效率的影响及程度（Reinhard et al.，1999，王晓娟等，2005）。但是"两步法"对技术效率的测定存在着公认的"两步悖论"，是指第一步估计随机前沿生产函数时，假定技术非效率项独立于其他解释要素，第二步却假定技术非效率项并非独立，取决于一系列外生变量，且不能保证这些外生变量不与随机前沿函数中其他解释性要素相关。其次第一步假定技术非效率项满足正态分布，但第二步非效率项随不同外生变量有变化，就不一定满足正太分布，这样也形成矛盾。

大多已有研究对偏要素利用效率的测算往往仅利用第一步估计出的技术效率，但是由于这样估计出来的参数和效率值是建立在技术非效率项独立于其他解释性要素的假设之上，而实际上技术效率通常也受到其他一系列外生变量的影响，因此"两步法"中第一步测算出来的技术效率值往往是低效及有偏的，对随后偏要素利用效率的估计也会造成一定的偏差。利用"一步法"估计的优势在于将技术非效率表示为一组外生变量的函数和随机扰动项同时进入随机前沿生产函数一步估计，防止"两步法"中第一步对参数及技术效率估计造成的低效和有偏。

因此，本书选择"一步法"综合考虑随机扰动项和其他外生变量对技术效率的影响，将估计出更加精确的参数及技术效率值带入随后偏要素利用效率的测算中，以期得到更为精确的偏要素利用效率。

7.1.2.3 C–D 还是 Translog 生产函数形式

利用随机前沿生产函数方法首先要事先设定一定的生产函数形式。与 C–D 生产函数相比，Translog 生产函数包容性更高，被认为是任何形式生产函数的二阶泰勒近似。且 Translog 生产函数中对产出弹性可变的假设，使得偏要素利用效率不仅受到技术效率及偏要素系数的影响，也受到其他投入变量的影响，但值得注意的是，这种生产函数形式的选择也受到基础数据的限制。

以水资源生产函数为例，C – D 生产函数对灌溉用水效率的测算公式为 $WE_i =$ $\exp(-\mu_i/\beta_w)$，其中 μ_i 为技术无效率，而 β_w 为投入水资源的估计系数。可见，由于 C – D 生产函数产出弹性固定不变的假设，偏要素利用效率仅受技术效率及偏要素估计参数的影响。而 Translog 生产函数对灌溉用水效率的测算公式为：

$$WE_i = \exp\left[-\left(\beta_w + \sum_j \beta_{jz}\ln x_{ij} + \beta_{ww}\ln w_i\right) \pm \right.$$
$$\left. \sqrt{\left(\beta_w + \sum_j \beta_{jz}\ln x_{ij} + \beta_{ww}\ln w_i\right) - 2\beta_{ww}} \Big/ \beta_{ww}\right]$$

其中，x_{ij} 表示除水投入以外的其他投入，β_{ij} 表示除水投入以外其他投入的估计系数，可以看出利用 Translog 生产函数受到除效率值及水投入估计参数的影响，并受到其他投入及估计参数的影响。且公式中根号下的值必须为正，公式推导过程中并不能保证其非负，这一定程度上取决于所利用的基础数据[单要素测算公式具体推导过程见（Reinhard et al.，1999）]。此外，选用 Translog 生产函数将引入大量交叉项，不仅可能带来自由度不足、严重的多重共线性等统计计量问题，如果交叉项过多统计上又不显著，这对一步法的估计也有很大的影响，本书实践中发现的这一点与王志平（2010）的研究完全相同。

综上所述，本书选用 SFA 方法利用 C – D 生产函数实现"一步法"将农户家庭特征及涉农企业带来的外部环境的变化因素同时带入到对农户生产技术效率的估计，在此基础上，测算水土资源利用效率，并重点分析涉农企业带来的外部环境变化对水土资源的利用效率影响。

7.2　涉农企业介入对农户生产技术效率的影响：实证检验

7.2.1　估计方法

综合上述分析，本书采用随机前沿生产函数法，选择 C – D 生产函数形式实现"一步法"来估计农户生产技术效率（Battese et al.，1995），其理论模型可表示为：

$$Y_{it} = f(X_{it},\beta)\exp(V_{it} - U_{it}) \qquad (7-1)$$

式中：Y_{it} 为第 i 农户在第 t 年的农业产出；$f(\ )$ 为生产函数；X_{it} 为第 i 个

农户在第 t 年的投入矩阵；β 为待估参数；V_{it} 为随机误差项，假定 $V_{it} \sim N(0,\ \delta_V^2)$，主要包括测量误差、自然灾害、气候变化等在农业生产中不可控制的因素；U_{it} 为非负随机误差项，代表农业生产中的技术无效，即样本单元的产出与生产可能性边界之间的距离，反映的是第 i 个农户在第 t 年的技术效率损失，假定 $U_{it} \sim N^+(m_{it},\ \delta_u^2)$。且 V_{it} 和 U_{it} 相互独立，并独立于其他投入变量 X_{it}。

技术非效率的外生变量函数可表示为：

$$m_{it} = C + \sum_j \delta_{it} z_{ijt} + w_{it} \tag{7-2}$$

式中：m_{it} 为技术无效率函数，$\exp(-m_{it})$ 反映了农户 i 的技术效率水平；z_{ijt} 为影响农户技术效率水平外生变量；δ_{it} 为相应的待估参数；w_{it} 为纯随机误差项，服从均值为 0、方差为 δ_u^2 的断尾正态分布。

综合式（7-1）和式（7-2），利用"一步法"估计农户生产技术效率理论模型可表示为：

$$Y_{it} = f(X_{it}, \beta) + V_{it} - U_{it}(z_{it}, w) \tag{7-3}$$

模型中待估参数是根据最大似然估计方法估计，似然函数中利用方差参数 γ（Coelli，1995）来反映复合误差项之间的关系。

$$\gamma = \sigma_u^2 / \sigma^2,\ \sigma^2 = \sigma_u^2 + \sigma_v^2\ (\gamma \in [0,1]) \tag{7-4}$$

γ 反映了整个复合扰动项中技术无效率项所占的比例，当 γ 接近 0 时，说明实际产出与最大可能产出的差距主要来自于不可控的随机误差，普通的 OLS 则可以实现对生产函数的估计，而当 γ 越接近 1 时，则说明误差项主要来自于生产的非效率，采用 SFA 则越适合，但如果当 γ 等于 1 时，SFA 模型也就变成了确定性前沿生产函数模型。

7.2.2 变量选择

由于马铃薯涉及三个品种，且其销售价格并不一致，因此采用马铃薯的总产值（元）为产出变量，投入变量包括土地投入（亩）、劳动力投入（工）、水资源投入（m³），以及资金投入（元）（包括马铃薯种植过程中所有的金钱投入，包括种子、化肥、农药、薄膜及机械费用）。马铃薯两年数据投入产出变量的具体统计性描述详见表 7-1。

表 7 - 1　农户马铃薯种植投入产出变量描述性统计

变量	平均值	标准差	最小值	最大值
总产值/元	1 496.57	4 559.64	50	83 290
土地面积/亩	1.46	2.86	0.1	52
劳动力投入/工	21.27	23.94	1.6	260
水资源投入/m³	517.54	1 405.86	0	24 480
资金投入/元	768.66	2214.89	47	41 635

　　除投入产出变量，其他进入"一步法"的控制变量包括户主特征变量、家庭特征变量、自然禀赋变量、涉农企业介入变量，对各变量的详细解释及研究假设影响方向见表 7 - 2。

表 7 - 2　农户水土资源利用效率影响因素及预期方向

变量名		变量解释	预期影响方向
控制变量			
户主特征	年龄	户主实际年龄	+ / -
	非农就业经验	户主有非农就业经验为 1，没有为 0	+ / -
	学历	户主受教育年限	+ / -
	风险厌恶程度	按照风险厌恶程度从 1~10 取均值	
家庭特征	非农打工人口比例	非农打工人数/总人口	+ / -
	农业收入占总收入比例	农业（种植业）收入/家庭总收入	+
	家庭财产	家庭所有固定财产总和	+ / -
	是否加入用水者协会	加入为 1，没有加入为 0	+
	是否加入土豆协会	加入为 1，没有加入为 0	+
	贷款额	农户向银行或信用社贷款数	+
自然禀赋	区位 D1	处于 1 类地区为 1，其他为 0	-
	区位 D2	处于 2 类地区为 1，其他为 0	+
	水资源稀缺性	水权面积/家庭土地总面积	-
	马铃薯土地质量	土地肥力赋值后，根据种植面积加权计算	+

变量名		变量解释	预期影响方向
自变量			
涉农企业介入变量	种植马铃薯面积	马铃薯种植总面积	+ / −
	克新种植比例	克新种植面积/马铃薯种植总面积	−
	大西洋种植比例	大西洋种植面积/马铃薯种植总面积	−
	灌溉渠系状况	土渠 = 1，渠道类型 = 2，水泥 + 石头 = 3，预制件或水泥 = 4	+
	马铃薯商品率	出售总量/总产量	+
	公司收购占出售量比例	公司收购量/出售总量	+
	是否和公司签订协议	是为1，否为0	+

7.2.2.1 户主特征

（1）年龄

户主的年龄可以代表一个家庭从事农业生产活动的经验，一方面户主年龄越大，说明其从事农业生产活动的经验越丰富，对农业生产的技术掌握也越熟练，资源经营管理能力越高，因此其技术效率越高；另一方面由于户主年龄越大，对风险的接受程度可能越低，不愿意采用新技术、新品种，可能导致技术效率低下。因此户主年龄对水土资源利用效率的影响可能存在正负两个不确定方向。

（2）非农就业经验

户主非农就业经验体现了农户对资源的经营管理能力，一方面，户主的非农就业经验有利于将先进技术和管理能力带回农业生产中，且非农就业经验有利于农户对市场的判断能力和对新事物的接受能力，有利于技术效率的提高；另一方面户主非农就业经验可能会使得农户认识到农业收益比较低下，会将更多的劳动力投入到收益较高的非农就业中，带动该家庭农户生产劳动趋于多元化，带动家庭将更多时间和经历投入非农就业中，降低农户生产技术效率。因此非农就业经验对水土资源利用效率的影响也存在不确定的两个可能方向。

（3）受教育程度

一方面由于教育程度高的农户对新事物的接受能力较强，更可能会采取新技术，且经营管理能力更高，有利于农户技术效率提高；而另一方面教育程度高的农户可能有更多的非农就业机会，并不一定将时间都投入农业生产，这又可能对农户技术效率有负的影响。因此，户主受教育程度对水土资源利用效率的影响也存在正负两个可能性方向。

（4）风险规避程度

多数不发达地区的农户是风险规避型的，人们往往采用传统保守的耕作方式，接纳新型农业技术的可能性相对较低，因此风险规避型农户相对风险偏好型农户的农业技术效率往往较低。

7.2.2.2 家庭特征

（1）非农打工人口比例

非农打工人数占家庭人口比例越多，说明该家庭从事农业生产的劳动力越少，对技术效率的影响为负向；而另一方面非农打工的人口可能带回更多的资金用于机械化等新技术的投入，对技术效率的影响可能为正向。非农打工人口比例对水土资源利用效率的影响方向并不明确。

（2）农业收入占总收入的比例

由于随着农户从事非农就业的机会增多，农户的收入来源不再局限于农业生产，农业收入和非农收入共同构成了家庭收入，这里的农业收入主要指种植业收入，其他收入归并为非农收入，因此以农业生产为主要收入来源的农户往往会投入更多时间精力在农业生产上，其技术效率会较高，而以非农收入为主要收入来源的农户，对农业生产经营方式往往比较粗放。本书中用种植业收入/家庭总收入表示农户家庭中农业收入占总收入的比重来测度这种影响。

（3）家庭资产

家庭资产高的农户相对较为富裕，利用家庭所有固定资产现值体现农户的富裕程度，一方面较富裕的农户往往由于农业收入低下对农业生产并不重视，另一方面较富裕的农户又有可能通过机械等技术代替劳动力的投入，因此家庭资产对农户技术效率的影响也可能存在正负两个方向。

（4）是否加入用水者协会或马铃薯协会

农户之间的各种协会有利于农户接受新的技术培训，用水者协会的加入有利于农户了解农业水资源的稀缺性，而马铃薯协会的加入有利于提高农户马铃薯种植技术，这都有利于提高农户生产技术效率。本书中了解加入马铃薯协会的农户取值1，没有取值0。而虽然研究区域原则上要求一家出一人加入用水者协会，但是实际上农户对用水者协会并不了解，甚至不知道自己加入了用水者协会，实际上知道用水者协会的农户往往社会资本更加丰富，信息及技术传播得更快，生产技术效率往往也越高。

（5）信贷市场

农村信贷市场发达与否是影响农户家庭生产技术效率的重要变量，信贷市场的发达程度往往会影响农户约束预算，扩大农户经营规模及资本、技术代替劳动的能力。发达的资本信贷市场有利于农户生产技术效率的提高。我国农村资本信贷市场往往以小规模的借贷为主。本书中利用农户该年度从银行或信用社贷款额度衡量来农村资本信贷市场的发达程度。

7.2.2.3 自然禀赋

（1）水资源稀缺程度

根据民乐县当地情况，对农业灌水的配置是根据农户初始水权面积进行定额分配。但农户在初始水权面积判定后仍可能有开荒行为，因此农户拥有的实际土地面积有可能大于初始水权面积，开荒的面积越大，农户家庭分到的水资源越不够用。

因此利用水权面积占实际土地面积的比例说明该农户水资源稀缺程度。水权面积占实际土地面积的比例越小，则该农户水资源越稀缺。水资源稀缺的农户其生产技术效率可能越低。

（2）马铃薯土地质量

土地质量是影响资源利用效率的重要指标，质量较好的土地往往会有更高的产出，农户生产技术效率往往也会更高。对土地质量的赋值是根据农户对种植马铃薯的土地肥力从 1 到 3 作评价（1 = 好，2 = 中，3 = 差），并对不同土地肥力从 1 到 3 赋值，再根据种植面积加权计算，得出马铃薯种植土地的综合肥力。综合评分越高的农户其土地质量越差。

（3）区位

农业生产在很大程度上受到自然环境的影响，家庭土地处于不同的区位对农业技术效率有着不同的影响作用，根据民乐县实际情况，将三类地区按照两个虚拟变量 $D1$ 和 $D2$ 表示，农户处于一类地区为 $D1 = 1$，其他为 0，农户处于二类地区为 $D2 = 1$，其他为 0。以三类地区作为对照虚拟变量。

7.2.2.4 涉农企业介入变量

（1）马铃薯种植面积

种植规模对技术效率的影响尚未明确。一方面种植面积越大越有利于农户规模经营，规模化生产有利于提高农户的资源生产效率；另一方面种植面积越大越不利于农户的精耕细作，对农业生产往往较为粗放，也有学者认为农业在本质上并不是一个有显著规模效率的产业（罗必良，2000）。因此种植规模对技术效率的影响方向是模糊的。

（2）灌溉渠系状况

在民乐县，如果村庄渠系状况良好，拥有良好的渠系状况，则农户的用水量比较容易测算，对农户灌水收费则是按照实际灌水来收取，为了少收费，拥有较好灌溉渠系的农户节水意识往往比较强。但如果是渠系状况比较差，则对农户灌水收费只能按照亩来收，每个农户不管实际灌水多少，都缴纳相同的亩均税费，其节水意识明显低于按实际灌水收费的农户。且灌溉渠系状况好的农户其水资源渗漏量相对较少，有利于资源的充分利用。因此，灌溉渠系直接影响农户生产技术效率及资源利用效率。本书中，对农户家庭渠系是土渠取值为1，渠道类型为石头取值为2，水泥＋石头取值为3，预制件或水泥取值为4，取值越大说明该农户家庭灌溉渠系状况越好。

（3）是否种植克新或大西洋品种的马铃薯

克新和大西洋马铃薯作为产业化带来的新品种，分别按照克新和大西洋种植面积占家庭马铃薯种植面积的比例说明该地区新品种新技术的推广程度。由于本书中克新和大西洋品种的推广处于初期阶段，农户对新种植技术的掌握并没有完善，因此新技术在推广初期可能会导致技术效率的低下。

（4）马铃薯商品率

马铃薯市场化程度由马铃薯出售量占总产量的比例来衡量，市场化程度越高的农户往往面对市场价格的变化更加通过成本收益计算以实现利润最大化，其马铃薯收入成为其收入的重要来源，农户则会更加精心种植马铃薯。因此马铃薯商品率越高的农户生产技术效率往往也越高。

（5）公司收购占总出售量的比例

公司收购占总售出量的比例，一方面说明农户销售渠道的增加；另一方面说明农户与公司的合作程度，与公司的合作程度越高说明农户对公司越信赖，这种稳定的合作关系会减少农户在销售中的风险及不确定性，因此有利于促进农户提高其农业生产技术效率。

（6）是否和公司签订协议

如果农户和公司签订了协议，则减少了农户种植马铃薯生产和销售的风险，且公司往往通过协议给农户提供技术培训，这都有利于农户生产技术效率的提高。本书中与公司签订协议的农户取值为1，没有的取值为0。

对农户水土资源利用效率影响因素两年数据的描述性统计见表 7-3，其中综合统计（overall）表示对每个变量进行整体数据统计，组间统计（between）表示对每个个体取时间平均值，对均值进行统计，组内统计（within）则每个变量按时间分组求均值统计。

表 7-3 农户水土资源利用效率影响因素描述性统计

		最大值	变量名		标准差	最小值
户主特征	户主年龄/岁	overall	10.39	21.00	71.00	
		between	9.54	22.00	70.00	
		within	4.14	30.03	62.03	
	非农就业经验（0/1）	overall	0.50	0.00	1.00	
		between	0.40	0.00	1.00	
		within	0.31	0.04	1.04	
	户主学历/年	overall	3.54	0.00	15.00	
		between	3.27	0.00	13.50	
		within	1.36	0.99	12.99	
	风险厌恶程度（1~10）	overall	3.56	0.60	10.00	
		between	2.33	0.80	7.50	
		within	2.68	-0.63	8.37	
涉农企业介入变量	种植马铃薯面积/亩	overall	2.86	0.10	52.00	
		between	2.09	0.25	26.50	
		within	1.96	-24.04	26.96	
	克新种植比例/%	overall	0.45	0.00	1.00	
		between	0.29	0.00	1.00	
		within	0.34	0.18	1.18	
	大西洋种植比例/%	overall	0.38	0.00	1.00	
		between	0.26	0.00	1.00	
		within	0.27	-0.32	0.68	
	灌溉渠系状况（1~4）	overall	0.61	1.00	4.00	
		between	0.44	1.00	3.00	
		within	0.43	-0.20	2.80	

续表

	最大值	变量名		标准差	最小值
涉农企业介入变量	马铃薯商品率/%	overall	0.38	0.00	1.00
		between	0.31	0.00	1.00
		within	0.22	0.09	1.09
	公司收购比例/%	overall	0.49	0.00	1.00
		between	0.37	0.00	1.00
		within	0.31	-0.08	0.92
	是否签订协议 (0/1)	overall	0.24	0.00	1.00
		between	0.18	0.00	1.00
		within	0.16	-0.44	0.56
家庭特征	非农人口比例/%	overall	0.24	0.00	1.00
		between	0.20	0.00	1.00
		within	0.15	0.01	0.76
	农业收入比例/%	overall	0.23	0.04	1.00
		between	0.20	0.11	0.93
		within	0.13	0.18	0.91
	家庭财产/万元	overall	4.96	0.10	44.40
		between	3.87	0.16	23.78
		within	3.11	-15.55	25.70
	是否用水者协会 (0/1)	overall	0.50	0.00	1.00
		between	0.39	0.00	1.00
		within	0.32	-0.04	0.96
	是否土豆协会 (0/1)	overall	0.23	0.00	1.00
		between	0.16	0.00	1.00
		within	0.16	-0.45	0.55
	贷款/万元	overall	1.96	0.00	20.00
		between	1.37	0.00	10.00
		within	1.40	-8.89	11.11

最大值		变量名		标准差	最小值
		overall	0.44	0.00	1.00
	D1	between	0.44	0.00	1.00
		within	0.00	0.26	0.26
		overall	0.48	0.00	1.00
	D2	between	0.48	0.00	1.00
		within	0.00	0.64	0.64
自然禀赋		overall	0.24	0.00	1.00
	水资源稀缺程度/%	between	0.19	0.24	1.00
		within	0.15	0.33	1.17
		overall	0.56	1.00	3.08
	马铃薯土地质量（1~3）	between	0.42	1.00	2.50
		within	0.37	0.33	2.41

7.2.3 结果及分析

利用估计随机前沿生产函数的 FRONITER 4.1 程序采用"一步法"对公式（7-3）进行估计。从表7-4可以看出模型整体通过似然比检验，极大似然值（-329.47）也表明估计的计量模型在统计上是可靠的。γ 等于 0.898，且在1%的程度上显著，说明实际生产与前沿面的距离主要是由于技术非效率产生的，占合成误差的89.8%，其余11.2%的部分是由农民控制不了的因素引起的，这也说明了运用SFA测算技术效率是合理的。此外，除劳动力投入外，其他投入变量的系数都为正且通过显著性检验，这符合经济学意义。由于在农村劳动力往往不计为成本，因此农业生产过程中往往过多投入劳动力，而土地、水资源及资金投入的增加对马铃薯产出有显著的正的影响。对技术无效外生变量的具体解释将在后文中与水资源利用效率影响因素综合分析。

表7-4 随机前沿生产函数估计结果

变量	系数	T 值	外生变量	系数	T 值
常数项	2.47***	7.20	常数项	-2.76	-1.28
Ln 土地投入	0.75***	7.45	户主年龄	-0.03	-1.33
Ln 劳动力投入	-0.05	0.85	户主非农就业经验	-0.99	-1.60
Ln 水资源投入	0.27*	1.65	户主受教育程度	-0.20**	-1.99
Ln 资金投入	0.23**	2.63	风险厌恶程度	0.12**	1.95
Sigma – squared	1.81***	2.27	非农打工人口比例	1.58*	1.76
γ	0.898***	19.43	种植业收入比例	1.92*	1.75
Log likelihood	-329.47***		家庭资产	0.00	-0.72
Lrtest	121.50***		是否 WUA	0.36	1.17
			是否土豆协会	-0.17	-0.19
			家庭水资源稀缺程度	1.17	1.07
			种植马铃薯土地质量	1.10**	2.32
			一类地区 D1	0.53	0.92
			二类地区 D2	-1.00*	-1.72
			信贷市场	0.00	0.60
			马铃薯种植面积	0.08	0.94
			渠系状况	-0.77*	-1.68
			克新种植比例	2.46**	2.15
			大西洋种植比例	1.83*	1.68
			马铃薯商品率	-3.20**	-2.31
			公司收购比例	-0.70**	-1.64
			是否签订协议	0.50	0.48

注：*** 表示在1%程度上显著，** 表示在5%程度上显著，* 表示在10%程度上显著。

表7-5 给出了农户马铃薯种植在这两年的生产技术效率，由样本分布频率可以看出：①总体看来，研究所测算两年的农户平均技术效率为66.83%，说明以现有技术和不变的投入，如果消除技术无效，产出还可以增加33.17%。农户总体生产技术效率分布为60% ~ 90%。②从给出的两年的数据

来看，虽然 2009 年平均生产技术效率与水土资源利用效率比 2007 年都略有下降，从 67.34% 降低到 66.32%，但是在 2008 年农户生产技术效率均低于 80%，而 2009 年有 3 户农户生产技术效率达到了 90% 以上，说明仍有部分农户生产技术效率得到了较大的提高。③两年都有一定的农户其生产效率在 30% 以下（甚至 10% 以下），说明研究区域的农户生产技术效率较低，仍有较大的提升空间。

表 7-5　农户生产技术效率分布

效率值	农户生产技术效率			
	2007 年		2009 年	
	样本数/个	频率分布/%	样本数/个	频率分布/%
0~10	2	1.09	3	1.64
10~20	6	3.28	4	2.19
20~30	1	0.55	5	2.73
30~40	9	4.92	4	2.19
40~50	12	6.56	16	8.74
50~60	17	9.29	25	13.66
60~70	27	14.75	27	14.75
70~80	50	27.32	50	27.32
80~90	59	32.24	46	25.14
90~100	0	0.00	3	1.64
平均值	67.34%		66.32%	
两年平均值	66.83%			

7.3　涉农企业介入对水土资源利用效率的影响：实证检验

7.3.1　估计方法

借鉴 Kaneko 等（2004）和王晓娟等（2005）的研究，某一投入要素的利用效率是在实际产出与其他投入不变的情况下，该投入要素所使用最低量与实际使用量的比值。其测算的基本思路如图 7 - 3 所示：

图 7 - 3 中，Y_0 为等产量线，X_0 表示某一投入要素，X 表示其他投入要素，假设第 i 个农户利用某一投入要素 Ox_1 和其他投入要素 Ox_3 实际产出水平为 Y_0，而这种投入组合可以达到最大的产出水平位于 A 点，因此该农户农业生产技术无效率，其农业技术效率 $TE_i = OB/OA$，而对于某一投入要素来说，假定其他投入要素不变，生产 Y_0 所需的最小投入为 Ox_2，则此时该农户对这一投入要素利用效率 $TER_i = Ox_2/Ox_1$，可能节省的最大投入为 x_1x_2。

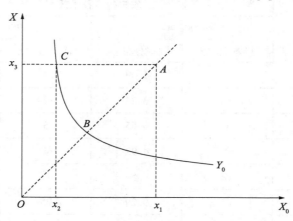

图 7 - 3　农户偏要素利用效率

本书选择 Cobb - Douglas 生产函数形式分析随机前沿模型，为了测定某单一投入要素的利用效率，式（7 - 3）可以表示为：

$$\ln Y_{it} = \beta_0 + \sum_j \beta_j \ln X_{ijt} + \beta_R \ln R_{it} + V_{it} - U_{it}(z_{it}, w) \tag{7-5}$$

式中：R 为研究中关注的投入要素；X 为其他投入要素。

为了测算单要素的利用效率，假定农业产出一定条件下最小关注投入要素是 $\widehat{R}_{it}$，在该要素有效状态下产出水平为 $\widehat{Y}_{it}^{\ R}$，此时公式（7 - 5）对应的有效产出可表示为：

$$\ln \widehat{Y}_{it}^{\ R} = \beta_0 + \sum_j \beta_j \ln X_{ijt} + \beta_R \ln \widehat{R}_{it} + V_{it} \tag{7-6}$$

假定公式（7 - 5）与公式（7 - 6）相等，则

$$\beta_R \ln \frac{\widehat{R}_{it}}{R_{it}} + u_{it} = 0 \tag{7-7}$$

由公式（7-7）可得，农户某一投入的偏要素利用效率的估计公式为：

$$\text{TER}_{it} = Min\{\beta : f(X_{ijt}, R_{it}, \beta) \geq Y_{it}(\widehat{R}_{it})\} = \widehat{R}_{it}/R_{it} = \exp(\frac{-u_i}{\beta_R}) \quad (7-8)$$

将利用"一步法"估计出来的农户生产技术效率带入偏要素利用效率的估计公式（7-8）中则得出单一投入的偏要素利用效率，进而对其影响因素分析。

$$\text{TER}_{it} = \delta_0 + \sum_{k=1}^{n} \delta_{kt} z_{kt} + e_{it} \quad (7-9)$$

式中：TER 为偏要素利用效率；z_{kt} 为影响偏要素利用效率的解释变量；δ_k 为待估参数。

7.3.2 结果及分析

将"一步法"估计出的农户生产技术效率值及估计参数带入公式（7-9），便可得出农户在马铃薯种植过程中利用水土资源的利用效率。

表7-6为计量得出2007年和2009年农户生产技术效率及水土资源利用效率的频率分布。可以看出：①农户水土资源利用效率均远地与农户生产技术效率。农户平均水资源利用效率为29.54%，说明保持其他投入不变的情况下，达到目前的马铃薯产出可以减少70.46%的水资源投入，而两年土地资源生产技术效率为59.45%，说明保持其他投入不变的情况下，达到目前的马铃薯产出可以减少40.46%的土地资源投入。②分别从两年数据来看，虽然2009年水土资源利用效率比2007年都略有下降，水资源利用效率从30.14%降到28.95%，土地资源利用效率从60.03%降到58.89%。但是2007年农户水资源利用效率均低于70%，土地资源利用效率均低于90%，而在2009年有两户农户水资源利用效率最高达到了70%以上，有一户农户土地利用效率最高达到了90%以上，这说明了尽管涉农企业的介入导致了水土资源平均利用效率的降低，但仍然有部分农户的水土资源利用效率有显著提高。③总体来看，土地资源利用效率主要集中在60%～80%，而水资源利用效率主要集中在30%～50%。这说明该地区农户水资源的利用效率十分低下，水资源有很大的节约潜力，虽然土地资源利用效率虽相对土地资源较高，但仍然有节约利用的空间。该地区农户对水土资源节约意识不够，水土资源利用浪费严重，利用效率严重不足。

表7-6 农户水土资源利用效率分布

效率值	水资源利用效率				土地利用效率			
	2007年		2009年		2007年		2009年	
	样本数/个	频率分布/%	样本数/个	频率分布/%	样本数/个	频率分布/%	样本数/个	频率分布/%
0~10	39	21.31	37	20.22	6	3.28	7	3.83
10~20	24	13.11	29	15.85	3	1.64	5	2.73
20~30	22	12.02	32	17.49	10	5.46	6	3.28
30~40	30	16.39	26	14.21	14	7.65	14	7.65
40~50	41	22.40	31	16.94	14	7.65	24	13.11
50~60	21	11.48	14	7.65	20	10.93	18	9.84
60~70	6	3.28	12	6.56	43	23.50	45	24.59
70~80	0	0.00	2	1.09	54	29.51	45	24.59
80~90	0	0.00	0	0.00	19	10.38	18	9.84
90~100	0	0.00	0	0.00	0	0.00	1	0.55
平均值/%	30.14		28.95		60.03		58.89	
两年平均值/%	29.54				59.45			

再对水土资源利用效率的影响因素进行回归分析，由于使用两年数据，首先通过 F 检验决定模型形式的选用，其原假设为 H_0：all $u_i = 0$（所有的个体效应 u_i 为0），即混合回归时可以接受的，根据本书中水资源利用效率 F 检验统计量对应的概率值 Prob > F = 0.81，土地资源利用效率 F 检验统计量对应的概率值为 Prob > F = 0.88。均不能拒绝原假设，则说明模型个体效应并不显著，从时间上来看，不同个体之间不存在显著性差异；从截面上来看，不同截面之间也不存在显著性差异。因此选用混合回归，直接把面板数据混合在一起，利用公式（7-9）用普通最小二乘法（OLS）估计参数。估计结果见表7-7。

表7-7 农户水土资源利用效率影响因素估计结果

		水资源利用效率		土地资源利用效率	
		系数	T 值	系数	T 值
	控制变量				
农户特征	户主年龄	0.00 **	2.35	0.00	1.52
	户主非农经验	0.03	1.57	0.03	1.65
	户主受教育程度	0.01 ***	5.44	0.01 ***	5.11
	风险厌恶程度	-0.01 ***	-3.78	-0.01 ***	-3.12
家庭特征	非农打工人口比例	-0.09 **	-2.50	-0.09 **	-2.34
	种植业收入比例	-0.11 ***	-2.93	-0.09 **	-2.23
	家庭资产	0.00 *	1.85	0.00	1.36
	是否 WUA	-0.01	-0.68	-0.01	-0.77
	是否土豆协会	0.01	0.19	0.01	0.35
	信贷市场	0.00	-0.24	0.00	-0.25
自然禀赋	家庭水资源稀缺程度	-0.05	-1.51	-0.05	-1.35
	种植马铃薯土地质量	-0.06 ***	-4.11	-0.07 ***	-4.70
	一类地区 D1	-0.04	-1.26	-0.05	-1.43
	二类地区 D2	0.06 **	2.13	0.06 *	1.84
	自变量				
涉农企业介入变量	马铃薯种植面积	-0.01 *	-1.81	0.00	-1.56
	渠系状况	0.03 **	2.27	0.04 ***	2.75
	克新种植比例	-0.18 ***	-6.97	-0.17 ***	-5.81
	大西洋种植比例	-0.12 ***	-3.97	-0.11 ***	-3.29
	马铃薯商品率	0.22 ***	9.08	0.23 ***	8.53
	公司收购比例	0.03 *	1.68	0.04 **	2.08
	是否签订协议	-0.03	-0.94	-0.03	-0.91
常数项		0.27 ***	3.62	0.58 ***	6.93
R - squared		0.44		0.41	
Adj R - squared		0.41		0.37	
F		12.85 ***		11.47 ***	

注: *** 表示在1%程度上显著, ** 表示在5%程度上显著, * 表示在10%程度上显著。

综合水土资源利用效率以及农户生产技术无效率的影响因素综合分析，可以得出以下结论：

7.3.2.1 户主特征

在我国农村，户主在农业生产决策中仍起到十分重要的作用，从计量结果可以看出，农户受教育程度和风险偏好对农户技术效率和水土资源利用效率都起到了显著作用。受教育程度越高的户主其技术效率和水土资源利用效率越高，教育程度一般被归结为人力资本的重要度量，教育程度高的农户更加能够了解农业生产的特点，采用更加先进的耕作方式，提高其农业利用效率。风险越厌恶的农户其技术效率和水土资源利用效率越低，多数不发达地区的农户是风险规避型的，往往采用传统保守的耕作方式，接纳新型农业技术的可能性相对较低，因此对农户生产技术效率及水土利用都起到了负的影响。

户主年龄对技术效率和土地资源利用效率的影响并不明显，却影响水资源利用效率，说明当地年龄较大的农户更能意识到水资源的稀缺和节水重要性。

户主非农经验对技术效率和水土利用效率的影响并不显著，户主非农就业经验体现了农户对资源生产管理能力。一方面，户主的非农就业经验有利于将先进技术和管理能力带回农业生产中，且非农就业经验有利于农户对市场的判断能力和对新事物的接受能力，这些有利于水土资源利用效率的提高；另一方面户主非农就业经验也可能使农户认识到农业收益比较低，因此将更多的时间投入收益较高的非农就业中，带动家庭整体生产劳动趋于多元化，带动家庭将更多时间和精力投入非农就业中，减少了从事农业的劳动力人口，这两种效应可能相互抵消导致其对水土资源利用效率的影响并不显著。

7.3.2.2 家庭特征

非农就业往往由于劳动力的流出对农业生产带来负面的影响，本书中证明了这一假说，家庭非农打工人口比例的增加会导致从事农业生产的劳动力减少，进而降低农户生产技术效率和水土资源利用效率。

如果家庭的主要收入来自农业收入，则对农户从事农业生产的激励越大，往往会投入更多精力在农业生产上，其技术效率一般会相对较高。但本研究的结果与研究假设并不相符，由于研究区域发展相对落后，基础设施不齐全，生产技术也不完善，农户往往通过投入更多的资源以期获得更多产出，特别是水资源严重稀缺地区，通过大量增加水资源这种限制因素提高作物产量，这种粗放的经营方式导致了资源利用效率的低下。

家庭财产对农户生产技术效率及水土资源利用效率的影响并不大，由于富裕的家庭一方面可能对比较收益相对较低的农业生产重视不够，另一方面又可能利用足够的资金采用先进技术耕作，这两方面效应可能会相互抵消。

农户是否参加用水者协会和土豆协会都没有对农户水土资源利用效率产生显著影响，当地形同虚设的农业协会并没有为农户农业生产提供完善的技术和信息服务。

农村资本信贷市场发达与否影响到农户家庭生产效率，因为信贷市场影响到农户扩大经验规模和加大投资的能力，改变农户预算约束线的位置（Chavas et al.，2005）。但是由于我国农村信贷市场并不发达，往往是小额信贷为主，因此该变量在模型中并不显著。

7.3.2.3 自然禀赋

农户水资源稀缺程度对马铃薯生产技术效率及水土资源利用效率影响并不显著。可能的原因是马铃薯的大力推广和经济收益相对较高，水资源稀缺的农户仍然给了马铃薯配置了足够的水资源。

土地质量是影响资源利用效率的重要指标，根据农户对马铃薯耕作的土地质量评价，综合评分越高的土地质量越差，从计量结果来看质量较好的土地往往会有更高的产出，资源利用效率也更高。

此外，农业生产在很大程度上受到自然环境的影响，家庭土地处于不同的区位对农业技术效率有着不同的影响作用，由于民乐县一类地区为海拔最高最寒冷的地区，最不适合农业生产。二类地区则是最适合农业生产地区，三类地区作为对照虚拟变量。根据计量结果，二类地区农户生产技术效率和水土资源利用效率明显高于其他两类地区，这是符合当地自然地理情况的。

7.3.2.4 涉农企业介入变量

关于农户规模与农业效率的关系一直是学者们关注的重点问题。根据本书结果，研究区域马铃薯种植面积的增加并没有很有效的提高农业生产效率，这可能是由于不同生产规模的农户在前沿技术的采用和实现最大潜在可能的产出能力上并不存在显著的差别（李谷成等，2009）。根据速水佑次郎的观点，现代农业技术更多趋于中性，规模变量并不是一个有效的影响变量。但种植规模的扩大却显著负向影响了水资源利用效率，可能的原因是由于马铃薯，特别是大西洋品种的种植推广，民乐县在2008年对连片种植50亩以上的大西洋实施了优先配水政策，即在水资源稀缺的情况下，优先给大规模种植的大西洋灌溉充足的水资源，当地政府所提出的这种优先灌水政策的实施可能导致了对马铃薯的过多灌水，造成水资源被浪费。

在民乐县，如果村庄渠系状况良好，拥有良好的渠系状况，则农户的用水量则比较容易测算，对农户灌水收费则是按照实际灌水来收取，如果是渠系状况比较差，用水量无法测算，则对农户灌水收费按照面积来收，为了少收费，拥有较好灌溉渠系的农户节水意识反而比较强，且渠系越好，其蒸发与渗漏率越低，农户实际用水量就越高，因此渠系状况越好的农户的生产技术效率及水土资源利用效率更高。从上一章的分析可以看出，涉农企业的介入提高了农业比较收益，提高了农户农业收入，增加了农户对水利基础设施供给能力，规模化的生产方式的转变又带动了对水利设施的需求，在政府投资的带动下，对农田水利基础设施的投资积极性更高，而对农田水利设施的完善有利于水土资源利用效率的提高。

克新与大西洋这两种新品种的引入降低了农业生产技术效率及水土资源利用效率，这符合当地新品种推广的情况。由于农业产业化正处于发展初期，新技术刚开始开始投入农业生产，农户往往处于非技术效率状态，随着农户随着新技术的生产经验的积累，非技术效率会降低。由于马铃薯加工公司刚刚介入农村，在新品种处于引入初期生产技术并没有很好扩散，很多农户反映大西洋的种植中由于存在烂种等多种问题，并没有达到宣传预期的产量。

农业市场化的完善对农业生产技术效率及水土资源利用效率的提高十分显著，马铃薯的商品率越高，越有利于农户提高市场意识并按照市场需求合理组织生产，有利于技术效率及水土资源利用效率的提高；而马铃薯出售给公司的比例反映了农户与公司的合作关系，与公司稳定的合作关系有利于减少农户生产的不确定性，因此对技术效率及水土资源利用效率起到了积极的影响；协议的签订并没有对技术效率造成影响，其主要原因是该地区只有较少农户与公司签订种植协议，且协议中保护价格较低，对农户并不能起到相应的规避风险的功能，更为重要的是企业在协议中并没有涉及技术培训。

7.4　本章小结

本文根据对甘肃省民乐县农户马铃薯种植 2007 年和 2009 年两年面板数据，采用随机前沿生产函数模型，利用 C－D 生产函数形式，通过"一步法"

估计出农户生产技术效率及技术无效的影响因素，在农户生产技术效率的基础上测算出水土资源利用效率，并采用混合回归模型分析水土资源利用效率的影响因素，侧重分析涉农企业引入的外部因素对水土资源利用的影响。实证发现，研究区域马铃薯种植普遍存在效率损失，两年平均技术效率为66.83%，水土资源利用效率也较低，分别为29.54%与59.45%，说明该地区农户技术效率仍有提升空间，水土资源节约利用仍有较大的潜力。

此外，对农户生产技术效率及水土资源利用的影响因素的分析中可以发现：户主特征中户主年龄、学历及风险偏好有利于技术效率和水土资源利用效率的提高。家庭特征变量中非农打工对水土资源利用效率造成了负的影响；由于该地用水者协会与马铃薯协会形同虚设，并没有为农户生产过程中提供技术和信息服务，对利用效率的影响并不显著，因此应增强农业协会的服务功能，提高农产品生产的组织化程度，完善农业技术的推广制度。在土地特征变量中，土地质量显著影响到农业生产技术，因此鼓励农户实施土地平整等农田保护型投资是提高农户生产技术效率及水土资源利用效率的一个有效途径。由于农村信贷市场并不发达，对利用效率的影响并不显著，农村信贷市场的完善，将有利于农户扩大经营规模以及资本代替劳动的能力。

涉农企业带来的外部因素的影响是本研究关注的重点，由于涉农企业介入主要促进了地区生产规模化、渠系完善、新品中新技术的引入、农业市场的完善以及涉农企业与农户连接关系，从这五个方面分析其对农业生产效率的影响。马铃薯种植面积并没有显著影响农户生产技术效率及土地资源利用效率，但却负向影响到了水资源利用效率，这和当地实施的优先配水权有一定关系，对大西洋品种的保水灌溉导致了水资源的浪费，地方政府在农业产业化发展过程中过多的行政干预往往仅考虑到经济收益而忽略了对水资源的合理利用，特别是在水资源严重稀缺的地区；渠系完善的农户家庭生产技术效率及水土资源利用效率更高，涉农企业的介入有效的带动了农户对小型农田水利基础设施的投资积极性，加大对渠道修建或维修的节水投资有利于水土资源利用效率的提高；新品种新技术由于在引入初期，仍存在一定技术上的缺陷，因此导致了农业技术效率及水土资源利用效率的降低，这是农业产业化在发展初期值得注意的问题；而农产品商品率和农户与涉农企业的稳定的合作关系显著促进了农业生产效率，但是涉农企业与农户签订的协议中的其保护价格往往由于制定的过低，并没有起到规避风险的作用。这些发现对

"涉农企业＋农户"这种经营模式的发展具有重要意义，应进一步加强企业与农户的合作关系，通过将企业与农户发展为利益一体化结合体，减少农户生产及销售风险，增加企业对农户技术培训以提高农户技术效率及水资源利用效率。此外，政府为保障农业产业化制定优惠政策中不仅应考虑到经济效益，更应考虑到对自然资源的合理利用。

第8章

主要结论与政策建议

我国西北地区水资源严重稀缺，严重限制到土地资源深度开发利用，提高水土资源利用效率不仅是解决西北部缺水问题的最基本、最有效的途径，也是打破水资源限制，发展农业本身的需要。已有大量研究分析了作为农业水土资源主要利用者的农户其自身特征以及家庭内在因素对其利用效率的影响。但是随着市场经济的发展，农业产业化的背景下，大量涉农企业介入农业生产，带动农户进入市场，农户生产不再脱离于市场经济，而是受到农业市场的影响。同时在此过程中，政府为发展产业化，招商引资所实施的推动作用及政策支持，以及涉农企业在发展过程中与农户的连接关系同样影响到农户生产行为，进而影响到水土资源利用效率。本书将涉农企业介入带来外部环境的影响变量作为关注重点，侧重分析涉农企业为实现规模化产业化的农业生产对农户种植选择行为的影响进而又影响到水土资源的优化配置；而规模化专业化生产方式的改变以及带来农业收入的提高又影响到农户水利投资的需求以及供给能力，且政府招商引资中对完善基础设施的投资更是带动了农户私人参与小型农田水利投资。水土资源利用效率的提高依赖于传统小规模生产方式的改变以及加大对小型农田水利基础设施的投资，涉农企业带来的外部环境变化更是影响到农户生产技术效率，进而影响到水土资源利用效率。通过合理发展农业产业化，正确引导涉农企业的经营模式，是促进农户改变粗放生产方式，增加水利基础设施投资，提高水土资源利用效率的重要途径。

本章通过对前面各部分的分析做一简要的总结和归纳，以期获得一些基本的研究结论，并在此基础上对未来制度及政策的调整做一些有益的启示。

8.1 主要研究结论

本书以甘肃省民乐县马铃薯产业化为例，分析了涉农企业介入农村后，对农户从事农业生产行为进而对水土资源利用效率的影响。总体来看，该研究区域主导农产品的推广，有利于当地水土资源的优化配置，涉农企业带动的市场完善、地方政府大力推广和政策支持也有效地推动了农户实现种植结构的调整。对主导农产品的推广同时统一了农户其对灌水需求，其灌溉利益较为一致，且政府在产业化发展背景下对农业基础设施的配套支持，这些都有效带动了农户对水利设施投资，减少水土资源效率损失。但是由于涉农企业与农户连接方式较为松散，该区并没有形成主导产品大规模的种植，涉农企业在新品种引入初期对新技术的推广还不够完善，且协议签订率十分低，并没有对农户生产及销售中风险实施保障，这些导致了水土资源利用效率较低，而政府在保障涉农企业发展的对新品种实施的优惠政策也造成了农业水资源的浪费。

（1）涉农企业介入对农户种植选择行为的影响研究结论

首先分析研究区域马铃薯产业化发展对农户种植决策的影响，该地区对马铃薯种植的大力推广，引起整个地区种植结构调整，种植结构的调整影响研究区域水资源配置的一个重要方面。根据水土资源合理配置的各个作物边际产值应相等的原则，判断各种植作物水土资源配置效率，可以看出该区域水土资源配置并未达到合理，应通过调整各作物水土资源的配置，提高农作物生产的收益，达到水土资源的优化配置。总体来看，对土地资源的利用都处于边际增长的阶段，增加土地资源的投入有利于产值的增长，而除大蒜和玉米制种以外，对水资源的利用都处于边际增长阶段，增加水资源投入有利于产值的增长，而大蒜和玉米制种的水资源投入已经过多，粮食作物与油菜之间以及马铃薯与胡麻之间的水资源配置近乎合理，但是马铃薯及胡麻的边际产值要高于粮食作物与油菜，因此，马铃薯的推广有利于当地水土资源的合理配置。再判断各种植作物的比较优势，综合考虑作物的水土资源利用及经济效益，经济作物与特色作物的比较收益要明显高于粮食作物，大西洋品种马铃薯具有较高的比较收益，可以看出，研究区域对马铃薯的推广，特别是对大西洋品种的大力推广有利于该地区水土资源的合理配置。通过在 2007年马铃薯产业化发展初期以及龙头企业正式介入后 2009 年马铃薯产业化发展稳定期对该地区随机抽样 259 户农户两年调研数据对比分析,可以看出该区的马铃薯种植更为普遍,选择种植马铃薯的农户数有所增加,特别是大西洋品种,种植户数相对于 2007 年都有显著上升。然而农户对各品种马铃薯的户均种植面积都有所减少,说明虽然产业化的发展推广了马铃薯,但是农户种植积极性并不高。

由此在已有文献研究及理论分析的基础上,从市场、政府及企业三个方面,提出市场发展及政府推广正向影响农民马铃薯种植决策,而涉农企业与农户过于分散的经营关系负向影响农户马铃薯种植决策的研究假说。通过选用 Probit 以及 Tobit 模型分析农户选择是否种植马铃薯与种植面积,以及是否种植大西洋品种以及种植面积,验证了其研究假说。"涉农企业 + 农户"经营模式完善了农业市场,商品率的提高以及价格的提高显著提高了农户种植马铃薯的积极性,Aviko 龙头企业的介入增加了农户的销售渠道,但是由于过于分散的连接方式,这种产业化组织方式并没有改变农户在生产经营中的弱势地位,这造成了龙头企业收购负向影响农户对马铃薯种植积极性。此外,政府推广在农业产业化发展过程中起到了积极的作用,优先配水权的实施更是有利于马铃薯种植的推广。

(2)涉农企业介入对农户水利投资行为的影响研究结论

通过对建国以来我国小型农田水利的供给演变过程的梳理,以及税费改革之后小型农田水利设施供给的困境分析中可以看出:我国小型农田供给存在着国家逐渐退出小型农田水利的供给;地方政府一方面存在资金短缺,另一方面对小型农田水利投资动力不足;农村集体在取消"两工"及共同生产费之后,对农民的组织能力不够;农民自身由于小型农田水利的公共物品性质,且对其需求及供给能力不足,对农田水利投资意愿低下的供给困境。目前我国对小型农田水利设施的改革,即在政府的推动下,大力激励农户私人参与对小型农田水利的投资。

由于小型农田水利一直被认为是农村公共物品,政府负责对其投资。但是通过对其公共物品的性质分析可以看出:小型农田水利作为具有典型俱乐部性质的地方准公共产品,其收益完全可以实现排他,因此可以实现其私人供给。但是农民对这种准公共物品的投资取决于其投资行为是否能够获利。涉农企业在介入农村之后,农户对小型农田水利设施的需求、供给能力以及村级政策因素均受到了影响,这在一定程度上改变了农户对小型农田水利的投资决策。

通过甘肃省民乐县马铃薯产业化的发展实证分析可以看出，虽然研究区域马铃薯的推广仍处在开始阶段，马铃薯种植并没有形成较大规模化的种植，但是农户对水资源的依赖越大，则会更倾向对水利设施但投资，马铃薯规模化的种植有利于农户增加对水利设施的投资。马铃薯产业化的发展同样大力推广了大西洋品种的种植，地方政府对大西洋的优惠灌水政策以及配水时间的调整，造成对大西洋新品种的种植显著影响到农户新建水利设施的决策。虽然涉农企业介入对非农就业的直接影响难以定量分析，但是通过计量模型分析可以看出，非农收入的增加并没有带来的对农田水利投资的增加，这与农户收入多样化，对农业生产的依赖减少等原因息息相关。此外，地方政府通过招商引资实现经济增长，涉农企业介入促进了地方政府对农村基础设施的投资，由于研究区域对公共产品的投资严重缺乏，政府投资显著带动了农民对小型农田水利的私人投资。

（3）涉农企业介入对水土资源利用效率的影响研究结论

本书根据对甘肃省民乐县农户马铃薯种植 2007 年和 2009 年两年面板数据，采用随机前沿生产函数模型，利用 C－D 生产函数形式，通过"一步法"估计出农户生产技术效率及技术无效的影响因素，在农户生产技术效率的基础上测算出水土资源利用效率，并采用混合回归模型分析水土资源利用效率的影响因素，侧重分析涉农企业引入的外部因素对农户技术效率及水土资源利用的影响。实证结果发现，研究区域马铃薯种植普遍存在效率损失，两年平均技术效率为 66.83%，水土资源利用效率也较低，分别为 29.54% 与 59.45%，说明该地区农户技术效率仍有提升的空间，水土资源节约利用仍有较大的潜力。龙头涉农企业介入后，部分农户的效率有所上升，但是总体农户生产技术效率及水土资源利用效率都略有下降。

分析涉农企业带来的外部因素对农户生产技术效率及水土资源利用效率的影响，可以发现：由于涉农企业介入主要促进了地区生产规模化、渠系完善、新品中新技术的引入、农业市场的完善及涉农企业与农户连接关系，从这五个方面分析其对农业生产效率的影响。马铃薯种植面积并没有显著影响农户生产技术效率及土地资源利用效率，但却负向影响到了水资源利用效率，这和当地实施的优先灌水权有一定关系，对大西洋品种的保水灌溉导致了水资源的浪费，地方政府在农业产业化发展过程中过多的行政干预往往仅考虑到经济收益而忽略了对水资源的合理利用，特别是在水资源严重稀缺的地区；渠系完善的农户家庭生产技术效率更高，涉农企业的介入有效的带动了农户对小型农田水利基础设施的投资积极性，加大对渠道修建或维修的节水投资有利于水土资源利用效率的提高；新品种新技术由于在引入初期，仍存在一定技术上的缺陷，因此导致了农业技术效率及水土资源利用效率的降低，这是农业产业化在发展初期值得注意的问题；而农产品商品率和农户与涉农企业稳定的合作关系显著促进了农业生产效率，马铃薯的商品率越高，越有利于农户提高市场意识并按照市场需求合理组织生产，有利于技术效率及水土资源利用效率的提高；而马铃薯出售给公司的比例反映了农户与公司的合作关系，与公司稳定的合作关系有利于减少农户生产的不确定性，因此对技术效率及水土资源利用效率起到了积极的影响；协议的签订并没有对技术效率造成影响，其主要原因是该地区只有较少农户与公司签订种植协议，而且协议中保护价格较低，对农户并不能起到相应的规避风险的功能，更为重要的是企业在协议中并没有涉及技术培训。

8.2　政策建议

本书最终目的为合理发展农业产业化，正确选择主导产业，通过合理引导涉农企业介入农业生产，带动农户实现农业规模化、专业化生产方式的转变，增加农户农业收益的同时提高农户对水利基础设施的投资，最终为实现水土资源利用效率的提高提供政策建议。根据全书的分析以及以上研究结论，作者认为政策启示应包括以下几个方面：

（1）农业产业化发展过程中，涉农企业介入农业生产首先应注意的是选准主导产业。充分遵循因地制宜的原则，立足当地资源优势，在突出地方资源特色的同时，更是要注意水土稀缺资源的合理利用。特别在我国西北部地区丰富的土地资源及复杂多样的土地类型，较大的昼夜温差和集中的热量供给使得辐射与热量资源非常丰富，十分有利于特色农作物的生长，为特色农业产业的发展提供了有利条件。需要注意的是，西北部地区农业产业化的发展虽然有一定的优势农业资源，但同时也存在着资源环境限制因素，水资源严重稀缺成为西北地区农业发展主要限制因素。由于长期以来西北地区对区域资源约束性认识不足，产业选择不当，资源开发过程中由于对水土资源利用不合理而产生了水土流失、干旱缺水、荒漠化等一系列生态经济问题。因此，涉农企业的介入应充分考虑原有产业特征、产业结构以及产业布局的基础上，选择资源优势强、市场容量大、经济效益好的产品作为主导产品。通过主导产品的确定，明确产业化的发展方向，打破传统农业以粮为纲的单一生产模式，多种经营、全面发展，优化区域生产布局，实现资源的合理配置。并依托涉农企业的介入，特别是龙头企业的带动作用，将农业生产延伸产前、产后配套服务，不断巩固提高现有优势产业，通过新品种、新技术的推广，提高产品科技含量、生产能力及市场竞争力，带动农民选择优势农作物的种植，适度扩大农业生产规模，实现种植结构的合理调整，优化当地农业资源的配置。

（2）农业产业化过程中，应以龙头涉农企业为依托，经济效益为中心，发展和完善农业市场，增加农业比较收益的同时提高农户对农业基础设施的投资能力。农业产业化过程中，一方面以农产品加工或农产品流通为主的涉农企业需要农户稳定的农产品原料的供给；另一方面农户也需要稳定的市场需求渠道来销售其生产农产品。农户在涉农企业的带动下按照市场需要开发资源、组织生产，以经济效益为中心，发挥规模经营优势，提高农业资源综合开发效益。农户作为独立的经济经营主体，按照市场信息进行生产，在农产品流通过程中获得农业收益。农产品有效流通的基础在于培育一个完善的市场体系，市场对农业生产有巨大的牵动作用。农业市场的完善有效的解决了农产品的流通问题，通过提高农产品的商品率、扩大交易规模、提高交易量、扩展销售渠道并稳定农产品价格，不仅可以提高农业比较收益，激励农户从事农业生产的积极性，更可以带动农户按照市场信息进行生产，实现规模化、专业化的生产方式的转变，实现农民农业收入的增加。专业化的程度取决于农产品商品率，而农产品的商品率又取决于农产品所占市场规模的大小。规模化的生产方式增加了农户对农业生产投资的需求，而农业收入的增加提高了农户投资农业生产的供给能力。对农业生产基础设施的投资有利于减少农业资源利用中的损失，提高农业资源的利用效率。

（3）健全"涉农企业＋农户"模式，形成利益一体化共同体，保障农户权益，提高农户从事农业生产积极性。只有通过涉农企业正确的带动农户走向市场，农户才可能实现参与产业化的发展，实现生产方式向规模化、专业化的方向转变，并增加对农业基础设施的投资，市场越大越稳定，资源配置效益越高，农户生产受市场影响越大，其农业资源的利用效率也越高。但是由于涉农企业和农户作为两个相对独立的经济主体，各自以自身利益最大化为经营目标，涉农企业与农户之间主要是市场关系，没有其他约束，这种情况下农户主要承担生产与技术等大部分风险，而公司则要承受市场的风险。

当风险发生时，涉农企业和农户往往为保障自身利益，而存在相互违约的可能性，如果这种经营模式发展不当将难以保障企业与农户各自利益。因此，以简单的契约关系，甚至仅以市场为中介的连接方式，很难将企业和农户的利益捆绑在一起。特别是农户，对于涉农企业过于依赖，且在农业市场中往往处于弱势地位，其利益得不到保障。农业产业化中，也正是常因为这种松散的连接方式，导致农户不愿意参与而使得农业产业化难以进行下去的状况。涉农企业与农户连接成利益一体化的综合结合体，应从长远利益出发，敢于让利于农户，承担市场风险，一方面明确农户的生产责任；另一方面减少农户投资销售的风险，这样有利于调动农民生产积极性。将加工、销售的部分利益让利于农户，这样才可能保持良好的合作伙伴关系。加强涉农企业与农户之间的连接一方面可通过中介组织的介入防止涉农企业与农户利益分化，农民通过各种协会组织、合作社等参与涉农企业的决策，且涉农企业也可通过合作社为广大农民提供技术培训等其他服务。通过减少交易费用，改善农户弱势地位，弱化农用资源、农业生产方式及劳动力的资产专用性。另一方面可通过股份合作制的组织形式，通过合作机制改变农户的弱势地位，或通过契约本身的完善或利用合同、担保等法律手段维护和保障农业产业化过程中企业和农户的契约信用。

（4）政府作为农业产业化中的一个重要推动主体，不仅在确定主导产业，并通过招商引资引入涉农企业介入的过程中起到重要作用，其政策支持也是影响农户农业生产及资源利用行为，包括规模化生产的实施，农业生产基础设施的投资的重要方面。虽然农业产业化发展过程也有农民自愿的创造和参与，但是政府安排的强制性更强烈由于农业生产经营分散又是弱质产业，更需要政府的支持和保护。我国农村地区经济相对落后，信息不全，农户的市场意识相对薄弱，加之传统观念束缚以及狭隘的小农思想，对产业化的推行也有所疑虑。政府在发展农业产业化时，首先应立足当地资源优势，充分考虑资源限制，选定适合当地产业化发展的主导产业，配合政府宣传、号召、组织、引导功能，在此过程中为农民提供准确的市场信息指导、为农户提供科普教育以及技术培训，引导推动农户快速进入农业产业化进程，为企业与农户的紧密合作提供服务功能，实现现代化农业的发展。且规模化的发展离不开农地资源的合理流转，以土地集体所有制为主的微观产权不明确则严重制约着农业产业化规模化的经营方式，政府对农地产权的改革是推动规模化经营的重要手段。同时，农业的发展也离不开对基础设施的完善，政府对农业生产基础设施的财政支持，不仅是为农业产业化的发展提供基础服务，更是带动农户参与投资，共同完善基础设施。此外，政府在扶持农业产业化龙头企业时，也要避免服务错位的现象，其制定的优惠政策要充分考虑对资源利用以及生态环境的保护，防止利润最大化目标下单纯的追求经济效益，而忽略对自然资源的合理利用。

参考文献

[1] Anderson K. Changing Comparative Advantages in China [M]. OECD, 1990.

[2] Bizimana C, Nieuwoudt W, Ferrer S. Farm Size, Land Fragmentation and Economic Efficiency in Southern Rwanda [J]. Agrekon, 2004, 43 (2). 46 – 52.

[3] Castro V W, Heerink N, Shi X, et al. Water Saving Through Off-Farm Employment? [J]. China Agricultural Economic Review, 2010, 2 (2): 167 – 184.

[4] Coase R. The Problem of Social Cost [J]. Journal of Law and Economics, 1960, (3): 1 – 44.

[5] Coelli T J, Prasada Rao D S, Battese G E. An Introduction to Efficiency and Productivity Analysis [M]. Boston: Kluwer Academic Publishers. 1998.

[6] De Brauw A, Huang J K, Rozelle S. The Sequencing of Reform Policies in China's Agricultural Transition [J] . Economics of Transition, 2004, 12 (3): 427 – 465.

[7] Deng X P, Shan L, Zhang H P, et al. Improving Agricultural Water Use Efficiency in and Semiarid Areas of China [J]. Agricultural Water Management, 2006. 80: 23 – 40.

[8] Dercon S. Risk, Crop Choice, and Savings: Evidence from Tanzania [J]. Economic Development and Cultural Change, 1996, 44 (3): 485 – 513.

[9] Dhehibi B, Lachaal L, Elloumi M. Measuring Irrigation Water Use Efficiency Using Stochastic Production Frontier: An Application on Citrus Production Farms inTunisia [J]. African Journal of Agricultural and Resource Economics, 2007, 1 (2): 1 – 15.

[10] Farrel M J. The Measurement of Productive Efficiency [J]. Journal of the Royal Statistical Society: Series A (General), 1957, 120 (3): 253 – 290.

[11] Fisher W H, Stephen J, T. Public Investment, Congestion and Private, Capital Accumulation [J]. The Economic Journal, 1998, 108.

[12] Frank E. Peasant Economics: Farm households and Agrarian Development [M]. Cambridge: Cambridge University Press, 1993.

[13] Gebremedhin B, Swinton S M. Investment in Soil Conservation in Northern Ethiopia: the Role of Land Tenure Security and Public Programs [J]. Agricultural Economics, 2003, 29: 69 – 84.

[14] Ghose A K. Farm Size and Land Productivity in Indian Agriculture: A reappraisal [J]. Journal of Development Studies, 1979, 16 (1): 27 – 49.

[15] Glossary U S. Bureau of Labor atatistics Division of Information Services. [G] 2008.

[16] Greig L. An Analysis of the Key Factors Influencing Farmer's Choice of Crop, Kibamba Ward, Tanzania [J]. Journal of Agricultural Economics, 2009, 60 (3): 699 – 715.

[17] Hardin G. The Tragedy of the Commons [J]. Science, 1968, 162: 1243 – 1248.

[18] Holde S, Shiferaw B, Pender J. Non-Farm Income, Household Welfare, and Sustainable Land Management in a Less-Favored Area in the Ethiopian Highland [J]. Food Policy, 2004, 29 (4): 369 – 392.

[19] Ines. H, Sean P. Estimation of Technical Efficiency: a Review of Some of the Stochastic Frontier and DEA Software [J]. Computers in Higher Education Economics Review, 2002, (15), 1: 1 – 9.

[20] Jacoby H G, Li G and Rozelle S. Hazards of Expropriation: Tenure Insecurity and Investment in Rural China [J]. American Economic Review, 2002, 92: 1420 – 1447.

[21] Jin L, Young W. Water Use in Agriculture in China: Importance, Challenges, and Implications for Policy [J]. Water Policy 2001, 3: 215 – 228.

[22] Hu J, Wang S C, Fang Y. Total-Factor Water Efficiency of Regions in China [J]. Resources Policy, 2006, 31: 217 – 230.

[23] Judy A. Tolk. Terry A. Howell. Water Use Efficiencies of Grain Sorghum Grow in Three USA Southern Great Plains Soils [J]. Agricultural Water Management, 2003, 59: 97 – 111.

[24] Karagiannis G, Tzouvelekas V, Xepapadeas A. Measuring Irrigation Water Efficiency With a Stochastic Production Frontier [J]. Environmental and Resource Economics, 2003, 26: 57 – 72.

[25] Kassam A, Smith M, FAO. Methodologies on Crop Water Use and Crop Water Productivity [C]. Expert Meeting on Crop Water Productivity. Rome 3 – 5 December 2001: 18.

[26] Kaneko S, Tanaka K, Toyota T. Water Efficiency of Agricultural Production in China: Regional Comparison from 1999 to 2002 [J]. International Journal of agricultural resources. Governance and Ecology, 2004, (3): 231 – 251.

[27] Kimenye L N. Kenya's Experience in Promoting Smallholder Production of Flowers and Vegetables for European Markets [J]. African Rural and Urban Studies, 1995, 2 (2/3).

[28] Kumbhaker S C, Lovell C A K. Stochastic Frontier Analysis [M]. Cambridge: Cambridge University Press. 2000.

[29] Kurosaki T, Fafchamps M. Insurance Market Efficiency and Crop Choices in Pakistan [J]. Journal of Development Economics, 2002, 67 (2): 419 – 453.

[30] Leathes H D, Quiggin J C. Interaction between Agricultural and Resource Policy: the Importance of Attitudes Toward Risk [J]. American Journal of Agricultural Economics, 1991, 73 (3): 757 – 764.

[31] Leibenstein H. Allovative Efficiency vs " X- efficiency " [J]. American Economic Review. 1966, 56: 392 – 415.

[32] Liu Z. Determinants of Technical Efficiency in Post-collective Chinese Agriculture: Evidence from Farm-Level Data [J]. Comparative Economics, 2000, 28: 545 – 564.

[33] Lohmar B, Wang J, Rozelle S, et al. China's Agricultural Water Policy Reforms: Increasing Investment, Resolving Conflicts, and Revising Incentives [R]. Market and Trade Economics Division, Economic Research Service, USDA. Agriculture Information Bulletin, 2003, 782.

[34] Mahendra R. Implication of Tenancy Status on Productivity and Efficiency: Evidence from Fiji [J]. Sri Lankan Journal of Agricultural Economics. 2002, 4: 19 – 37.

[35] Mankiw N G. Principles of Economics [M]. Beijing: Tsinghua University Press, 2003.

[36] McVicar T R, Zhang G L, Bradford A S, et al. Monitoring Regional Agricultural Water use Efficiency for Hebei Province on the North China Plain

[J]. Australian Journal of Agricultural Research, 2002, 53: 55 – 76.

[37] Mendola M. Migration and Technological Change in Rural Households: Complements or Substitutes [J]. Journal of Development Economics, 2008, 85 (1).

[38] Merlo M, Briales E R. Public Goods and Externalities Linked to Mediterranean Forests: Economic Nature and Policy [J]. Land Use Policy, 2000, 17 (3): 197 – 208.

[39] Napier R. Global Trends Impacting Farmers: Implications for Family Farm Management [C]. Paper Presented at Pulse Days, Saskatoon. New South Wales, Australia, 2001.

[40] Odum H T. Energy and Environmental Decision Making [M]. New York: Wiley, Environmental Accounting, 1996.

[41] Ostrom E. Collective Action and the Evolution of Social Norms [J]. Journal of Economic Perspectives, 2000, 14 (3): 137 – 158.

[42] Ostrom E. Crafting Institutions for Self-Governing Irrigation Systems [M]. San Francisco: Institute for Contemporary Studies Press, 1992: 493 – 535.

[43] Passioura J. Increasing Crop Productivity when Water is Scarce-From Breeding to Field Management [J]. Agricultural Water Management, 2006, 80: 176 – 196.

[44] Philip W. Beyond Industrial Agriculture? Some Questions About Farm Size, Productivity and Sustainability [J]. Journal of Agrarianchange, 2010, 10 (3): 437 – 453.

[45] Pingali P. L. From Subsistence to Commercial Production Systems: The Transformation of Asian Agricultural [J]. American Journal of Agricultural Economics, 1997, 79: 628 – 634.

[46] Fang Q X, Ma L, Green T R, et al. Water Resources and Water Use Efficiency in the North China Plain: Current Status and Agronomic Management Options [J]. Agricultural Water Management, 2010, 97: 1102 – 1116.

[47] Quisumbing A R, Mc Niven S. Moving Forward, Looking Back: The Impact of Migration and Remittances on Assets, Consumption and Credit Constraints in Rural Philippines [R]. ESA Working Paper, 2007, 5.

[48] Reardon T, et al. The Effects of Agro-Industrialization on Rural Employment in Latin America: Analytical Framework, Hypotheses, Evidence [C]. Paper Presented at the AAEA Pre-conference Agro-industrialization, Globalization and International Development, Nashville, 6 - 7, 1999.

[49] Reardon T, Timmer P, Barret C, et al. The Rise of Super Markets in Africa, Asia and Latin America [J]. American Journal of Agricultural Economics, 2003, 85, (5): 1140 - 1146.

[50] Reinhard S, Lovell C A K, Thijssen G. Econometric Estimation of Technical and Environmental Efficiency: An Application to Dutch Dairy Farms [J]. American Journal of Agricultural Economics, 1999, 2: 44 - 60.

[51] Rodríguez Díaz J A, Camacho Poyato E, López Luque R. Application of Data Envelopment Analysis to Studies of Irrigation Efficiency in Analusia [J]. Journal of Irrigation and Drainage Engineering, 2004, 130: 175 - 183.

[52] Perman R, MaY, Mc Gilvray J. Natrual Resource and Environmental Economics [M]. Pearson Education Limited, 2002: 211 - 247.

[53] Rozelle S, Taylor J E, De Brauw, A. Migration, Remittances and Agricultural Productivity in China [J]. American Economic Review, 1999, 89 (2).

[54] Samuelson P. The Pure Theory of Public Expenditures [J]. The Review of Economics and Statistics, 1954, (36): 387 - 389.

[55] Sanzidur R, Mizanur R. Impact of Land Fragmentation and Resource Ownership on Productivity and Efficiency: The Case of Rice Producers in Bangladesh [J]. Land Use Policy. 2008, 26: 95 - 103.

[56] Satish C, Charles Y. Land Tenure and Productivity: Farm-level Evidence from Papua New Guinea [J]. Land Economics, 2009, 8: 442 - 453.

[57] Scott W. Colin B, John L. A Critique of High-Value Supply Chains as a Means of Modernizing Agriculture in China: The Case of the Beef Industry [J]. Food Policy, 2010: 479 - 487.

[58] Sen A K. Peasants and Dualism with or Without Surplus Labor [J]. Journal of Political Economy, 1966, 74 (5): 425 - 450.

[59] Sinclair T R, Tanner C B, Bennett J M. Water-Use Efficiency in Crop Production [J]. Bioscience 1984, 34: 36 - 40.

[60] Stijn S, Marijke D'Haese, Jeroen B, et al. A Measure for the Efficiency of Water Use and its Determinants, a Case Study of Small-Scale Irrigation Schemes in North-West Province, South Africa [J]. Agricultural Systems 2008, 98: 31 - 39.

[61] Temple J. Generalization that aren't? Evidence on Education and Growth [J]. European Economic Review, 2001, 24 (4 - 6): 183 - 194.

[62] Thangata P H, Alavalapati J R R. Agro Forestry Adoption in Southern Malawi: the Case of Mixed Intercropping of Gliricidia Sepium and Maize [J]. Agricultural Systems, 2003, 78: 57 - 71.

[63] Trenbath B R. Multi-Species Cropping System in India: Predictions of Their Productivity, Stability Resilience and Ecological Sustainability [J]. Agroforestrey Systems, 1999, 45: 81 - 107.

[64] Varis O, Vakkilainen P. China's 8 Challenges to Water Resources Management in the First Quarter of the 21st Century [J]. Geomorphology, 2001, 41: 93 - 104.

[65] Wang X Y. Irrigation Water Use Efficiency of Farmers and Its Determinants: Evidence from a Survey in Northwestern China [J]. Agricultural Sciences in China, 2010, 9 (9): 1326 - 1337.

[66] Wang H X, Liu C M., Zhang L. Water-Saving Agriculture in China: an Overview [J]. Advances in Agronomy, 2002, 75: 135 - 171.

[67] Wang T D. A Systems Approach to the Assessment and Improvement of Water Use Efficiency in the North China Plain [M]. Penning de Vries, F, Teng, P, Metselaar, K (Eds.), Systems Approaches for Agricultural Development. Kluwer Acad. Publ., Dordrecht, the Netherlands, 1993: 193 - 206.

[68] Warning M. Key N. The Social Performance and Distributional Consequences of Contract Farming: An Equilibrium Analysis of the Arachide De Bouche Program in Senegal [J]. World Development, 2002, 30 (2).

[69] Wooldridge J. Econometric Analysis of Cross Section and Panel Data [M]. Cambridge, MA: The MIT Press, 2002.

[70] Wu W B, Yang P, Meng G Y. An Intergrated Model to Simulate Sown Area Changes for Major Crops at a Global Scale [J]. Science in China, Series D-Earth Sciences, 2008, 51 (3): 370 - 379.

[71] Wu H X, Meng X. The Impact of the Relocation of Farm Labour on Chinese Grain Production [J]. China Economic Review, 1997, 7 (2).

[72] Xu Z. Studying on Increasing Water Use Efficiency [J]. Journal of China Water Resources. 2001, 455: 25 – 26.

[73] Jiang Y. China's Water Scarcity [J]. Journal of Environment Management, 2009: 3185 – 3196.

[74] Zhou S, Herzfeld T, Thomsa G. Factors Affecting Chinese Farmers' Decisions to Adopt a Water-Saving Technology [J]. Canadian Journal of Agricultural Economics, 2008, 56 (1): 51 – 61.

[75] 蔡甲冰, 蔡林根, 刘钰, 等. 在有限供水条件下的农作物种植结构优化——簸箕李引黄灌区农作物需、配水初探 [J]. 节水灌溉, 2002, (1): 20 – 22.

[76] 蔡荣, 祁春节. 农业产业化组织形式变迁——基于交易费用与契约选择的分析 [J]. 经济问题探索, 2007, 3: 28 – 31.

[77] 曹慧, 秦富. 集体林区农户技术效率及其影响因素分析 [J]. 中国农村经济, 2006, 7: 63 – 71.

[78] 曹暕, 孙顶强, 谭向勇. 农户奶牛生产技术效率及影响因素分析 [J]. 中国农村经济, 2005, 10: 42 – 48.

[79] 车建明, 刘洪禄. 北京市农业节水与作物种植结构调整 [J]. 北京水利, 2002, (3): 15 – 17.

[80] 陈爱侠. 陕西省水资源利用效率及其影响因素分析 [J]. 西北林学院学报, 2007, 22 (1): 178 – 182.

[81] 陈诗波, 王亚静. 基于农户视角的外生性因子对循环农业生产技术效率的影响——来自湖北省的实证研究 [J]. 经济经纬, 2009, 1: 104 – 107, 111.

[82] 陈守煜, 马建琴, 张振伟. 作物种植结构多目标模糊优化模型与方法 [J]. 大连理工大学学报, 2003, 43 (1): 12 – 15.

[83] 陈素英, 胡春胜, 孙宏勇, 等. 节水型种植结构与北京供水安全探讨 [J]. 干旱区资源与环境, 2006, 20 (2): 33 – 36.

[84] 陈涛, 高考. 对我国农业剩余劳动力转移的对策思考 [J]. 开发研究, 2004, 4: 61 – 63.

[85] 陈训波, 武康平, 贺炎林. 农地流转对农户生产率的影响——基于 DEA

方法的实证分析 [J]. 农业技术经济, 2011, 8: 65 – 71.

[86] 陈耀邦. 论农业产业化经营 [J]. 管理世界, 1998, 5: 1 – 3, 49.

[87] 邓振镛, 张强, 韩永翔, 等. 甘肃省农业种植结构影响因素及调整原则探讨 [J]. 干旱地区农业研究, 2006, 24 (3): 126 – 129.

[88] 董晓霞, 黄季焜, Scott Rozelle, 等. 北京超市发展及其周边地区农户果蔬生产及销售的特征分析 [J]. 农业经济问题, 2006, 11: 9 – 16.

[89] 董晓霞, 黄季焜, Scott Rozelle, 等. 地理区位、交通基础设施与种植业结构调整研究 [J]. 管理世界, 2006, 9: 59 – 63, 79.

[90] 董宏纪, 张宁. 小型水利工程农户参与式管理的激励机制设计——理论模型与实证分析 [J]. 中国农村水利水电, 2008, 10: 50 – 53, 57.

[91] 杜吟棠. 农业产业化经营和农民组织创新对农民收入的影响 [J]. 中国农村观察, 2005, 3: 9 – 18, 80.

[92] 樊纲. 公有制宏观经济理论大纲 [M]. 北京: 经济管理出版社, 2007.

[93] 樊胜根, 张林秀, 张晓波. 中国农村公共投资在农村经济增长和反贫困中的作用 [J]. 华南农业大学学报 (社会科学版), 2002, 1: 1 – 13.

[94] 方言. 农业产业化发展中的地方政府职能 [J]. 农业经济问题, 2002, 12: 56 – 59.

[95] 冯广志. 用水户参与灌溉管理与灌区改革 [J]. 中国农村水利水电, 2002, 12: 1 – 5.

[96] 冯海波. 财政紧约束下的农村公共物品供给策略选择 [J]. 经济体制改革, 2006, (1): 104 – 108.

[97] 弗兰克·艾利斯. 农民经济学: 农民家庭农业和农业发展 [M]. 上海: 上海人民出版社, 2006.

[98] 付梅臣, 朱永明, 姚会武, 等. 浅议我国农地资源配置目标与机制 [J]. 河北农业大学学报, 2002, 10: 231 – 233, 243.

[99] 傅奇蕾. 浅析农民对小型水利设施的使用博弈——长期合作动态博弈分析 [J]. 当代经济, 2006, 8: 8 – 9.

[100] 高鸿业. 西方经济学 [M]. 北京: 中国人民大学出版社, 2004.

[101] 高惠嫣. 华北井灌区作物种植结构调整与农业水资源优化模型研究 [D]. 保定: 河北农业大学, 2005.

[102] 高雷. 水稻种植户生产行为研究——基于要素投入视角 [D]. 北京: 中国农业科学院, 2011.

［103］高明杰. 区域节水型种植结构优化研究［D］. 北京：中国农业科学院，2005.

［104］高新才，杨林. 农户经营行为对农业产业化的影响分析［J］. 兰州商学院学报，2001，4：17－21.

［105］郜庆炉，王立祥. 西部地区农业资源优势与特色农业产业化［J］. 中国生态农业学报，2002，10（1）：124－126.

［106］弓秀云. 农户劳动供给研究——基于家庭分工的角度［D］. 北京：中国科学院，2005.

［107］顾乃华. 我国服务业、工业增长效率对比以及其政策内涵［J］. 财贸经济，2006，7：3－9.

［108］韩冰华. 农地资源合理配置的制度经济学分析［D］. 武汉：华中农业大学，2005

［109］韩洪云，赵连阁. 灌区农户合作行为的博弈分析［J］. 中国农村观察，2002（4）：48－53.

［110］韩晶. 农业产业化的制度分析［J］. 新疆财经，2002，1：21－23.

［111］郝海广，李秀彬，谈明洪，等. 农牧交错区农户作物选择机制研究——以内蒙古太仆寺旗为例［J］. 自然资源学报，2011，26（7）：1107－1118.

［112］何广文. 从农村居民资金借贷行为看金融抑制与金融深化［J］. 中国农村经济，2009，10：42－48.

［113］贺雪峰，郭亮. 农田水利的利益主体及其成本收益分析——以湖北省沙洋县农田水利调查为基础［J］. 管理世界，2010，7：86－97.

［114］贺振华. 农户外出、土地流转与土地配置效率［J］. 复旦学报（社会科学版），2006，（4）：95－103.

［115］赫海广，李秀彬，谈明洪，等. 农牧交错区农户作物选择机制研究——以内蒙古太仆寺旗为例［J］. 自然资源学报，2011，26：1107－1118.

［116］侯胜鹏，张富. 当前农田水利设施投入和运行机制研究［J］. 农村经济，2009：87－90.

［117］胡鞍钢，王亚华. 如何看待黄河断流与流域水治理——黄河水利委员调研报告［J］. 管理世界，2002，6：29－36.

［118］胡定寰，张陆彪，刘静. 农民用水户协会的绩效与问题分析［J］. 农业经济问题，2003（2）：29－33，80.

[119] 胡浩，张峰. 中国农户耕地资源利用及效率变化的研究 [J]. 中国人口·资源与环境，2009，6：131–136.

[120] 胡彦龙. 从利益分配角度看农业产业化组织的完善 [J]. 金陵科技学院学报，2004，2：54–57.

[121] 胡咏梅. 计量经济学基础与 STATA 应用 [M]. 北京：北京师范大学出版社，2010.

[122] 虎陈霞，傅伯杰，陈利顶，等. 黄土丘陵区农户生产决策行为和对土地政策的认知分析 [J]. 生态环境学报，2009，18（2）：554–559.

[123] 黄彬彬，胡振鹏，刘青，等. 农户选择参与农田水利建设行为的博弈分析 [J]. 中国农村水利水电，2012，4：1–7.

[124] 黄季焜，牛先芳，智华勇，等. 蔬菜生产和种植结构调整的影响因素分析 [J]. 农业经济问题，2007，7：4–11.

[125] 姜福洋. 农业产业化与农业产业组织重构 [J]. 天津大学学报（社会科学版），1999，4：257–260.

[126] 姜开鹏. 创新体制与机制，促进灌区改革与发展 [J]. 中国水利，2005，23：41–43.

[127] 荆晓东. 农业产业化过程中的农户决策影响因素分析——基于无锡市"一村一品"发展的案例研究 [D]. 南京：南京农业大学，2008.

[128] 康云海. 农业产业化中的农户行为分析 [J]. 农业技术经济，1998：6–11.

[129] 柯福艳，张杜梅. 中国家庭养蜂技术效率测量及其影响因素分析 [J]. 农业技术经济，2011，3：67–73.

[130] 孔祥智，涂圣伟. 新农村建设中农户对公共物品的需求偏好及影响因素研究——以农田水利设施为例 [J]. 农业经济问题（月刊），2006，10：10–15.

[131] 雷俊忠，陈文宽，谭静. 农业产业化经营中的政府角色与作用 [J]. 农业经济问题，2003，7：41–44.

[132] 李二玲，李小建，闫家厂. 欠发达农区农户的外部响应能力及其环境影响——基于河南省 1251 家农户的调查 [J]. 地理科学进展，2010，5：523–529.

[133] 李谷成，冯中朝，范丽霞. 农户家庭经验技术效率与全要素生产效率增长分解（1993—2003 年）——基于随机前沿生产函数与来自湖北省

农户的微观数据 [J]. 数量经济技术经济研究, 2007, 8: 25 – 34.

[134] 李谷成, 冯中朝, 范丽霞. 小农户真的更加具有效率吗? 来自湖北省的经验证据 [J]. 经济学 (季刊), 2009, 9 (1): 95 – 124.

[135] 李然, 冯中朝. 环境效应和随机误差的农户家庭经营技术效率分析——基于三阶段 DEA 模型和我国农户的微观数据 [J]. 财经研究, 2009, 35 (9): 92 – 102.

[136] 李纪恒. 农业产业化发展论 [D]. 北京: 中共中央党校出版社, 1998.

[137] 李炯光. 论产权与资源配置的关系 [J]. 四川三峡学院学报, 1999 (4): 48 – 51.

[138] 李世祥, 成金华, 吴巧生. 中国水资源利用效率区域差异分析 [J]. 中国人口·资源与环境, 2008, 18 (3): 215 – 220.

[139] 李炜君, 王春乙. 气候变化对我国农作物种植结构的影响 [J]. 气候变化研究进展, 2010, 6: 123 – 129.

[140] 李文学. 农业产业化经营与解决农民问题的关系 [J]. 农村合作经济经营管理, 1997, 10: 30 – 31.

[141] 李祥妹, 王菁. 种植业结构调整与节水型农业 [J]. 高等函授学报 (自然科学版), 2001, 14 (4): 50 – 55.

[142] 李宇, 董锁成. 水资源条件约束下西北农村地区生态经济发展对策 [J]. 长江流域资源与环境, 2003, 12 (3): 243 – 247.

[143] 李玉敏, 王金霞. 农村水资源短缺: 现状、趋势及其对作物种植结构的影响——基于全国 10 个省调查数据的实证分析 [J]. 自然资源学报, 2009, 24 (2): 200 – 208.

[144] 李宗璋, 李定安. 交通基础设施建设对农业技术效率影响的实证研究 [J]. 中国科技论坛, 2012, 2: 127 – 132.

[145] 梁俊花, 冯旭芳, 刘敏. 山西省特色农产品比较优势研究 [J]. 农业技术经济, 2005, 1: 70 – 73.

[146] 梁书民, 孟哲, 白石. 基于村级调查的中国农业种植结构变化研究 [J]. 农业经济问题, 2008 (1): 26 – 31.

[147] 廖虎昌, 董毅明. 基于 DEA 和 Malmquist 指数的西部 12 省水资源利用效率研究 [J]. 资源科学, 2011, 33 (2): 273 – 279.

[148] 廖玉芳, 宋忠华, 赵福华, 等. 气候变化对湖南主要农作物种植结构

的影响［J］. 中国农学通报, 2010, 26（24）: 276 – 286.

[149] 厉以宁. 经济学的伦理问题［M］. 北京: 生活、读书、新知三联书店, 1999.

[150] 林奇胜, 刘红萍, 张安录. 论我国西北干旱地区水资源持续利用［J］. 地理与地理信息科学, 2003, 19（3）: 54 – 58.

[151] 林万龙. 农村公共物品的私人供给: 影响因素及政策选择［M］. 北京: 中国发展出版社, 2007.

[152] 林万龙. 中国农村社区公共物品供给制度变迁研究［M］. 北京: 中国财政经济出版社, 2003.

[153] 林毅夫. 制度、技术与中国农业发展［M］. 上海: 上海三联书店, 1994.

[154] 刘长鑫. 农地制度与农地生产效率——农地自由流转的可行性分析［J］. 经济视角, 2011, 12: 46 – 48.

[155] 刘福军, 张向东. 农业产业化经营的组织形式探讨［J］. 经济问题探索, 1998, 11: 63 – 64.

[156] 刘辉, 陈思羽. 农户参与小型农田水利建设意愿影响因素的实证分析——基于对湖南省粮食主产区457户农户的调查［J］. 中国农村观察, 2012, 2: 54 – 66.

[157] 刘俊民, 马耀光. 中国西北干旱区水资源特征及保护利用［J］. 干旱地区农业研究, 1998（9）: 103 – 107.

[158] 刘力, 谭向勇. 粮食主产区县乡政府及农户对小型农田水利设施建设的投资意愿分析［J］. 中国农村经济, 2006, 12: 32 – 36, 54.

[159] 刘涛, 曲福田, 金晶, 等. 土地细碎化、土地流转对农户土地利用效率的影响［J］. 资源科学, 2008（10）: 1511 – 1516.

[160] 刘涛, 石晓平, 曲福田. 农户非农就业行为对干旱半干旱地区农户灌溉用水效率影响研究［C］. 中国农村自然资源持续利用研讨会论文, 2010年8月.

[161] 刘涛. 干旱半干旱地区农田灌溉节水治理及其绩效研究——以甘肃民乐县为例［D］. 南京: 南京农业大学, 2009.

[162] 陆昂, 李郁芳. 从农田水利建设投入看当前农村公共品供给困境——广东省农田水利投入现状分析及思考［J］. 农村经济, 2007, 11: 20 – 23.

［163］陆磊. 农村金改新思维. 财新网. http：//china. caixin. com/2012 -
　　　 12 - 14/100474184. html.

［164］吕恒立. 试论公共产品的私人供给 ［J］. 天津师范大学学报（社会科
　　　 学版），2002，3：1 - 6，11.

［165］罗必良，吴晨，刘成香. 两种不同产业化经营组织形式的选择逻
　　　 辑——基于交易费用的视角 ［J］. 新疆农垦经济，2007，3：33 - 37.

［166］罗必良. 农地经营规模的效率决定 ［J］. 中国农村观察，2000，5：
　　　 18 - 24.

［167］罗敏. 我国主要热带作物生产比较优势分析 ［J］. 中国热带农业，
　　　 2010（4）：21 - 24.

［168］罗纳德·科斯，等. 财产权利与制度变迁 ［M］. 上海：上海三联出版
　　　 社，1994.

［169］罗仁福，张林秀，黄季焜，等. 村民自治、农村税费改革与农村公共
　　　 投资 ［J］. 经济学（季刊），2006，5：1295 - 1310.

［170］罗兴佐. 水利，农业的命脉——农田水利与乡村治理 ［M］. 上海：学
　　　 林出版社，2012.

［171］马克思，恩格斯. 马克思恩格斯全集（第23卷）［M］. 北京：人民出
　　　 版社，1972.

［172］马丽，隋鹏，高旺盛，等. 太行山前平原不同种植模式水资源利用效
　　　 率分析 ［J］. 干旱地区农业研究，2008，26（2）：177 - 182.

［173］马培衢. 农村水利供给的非均衡性与治理制度创新 ［J］. 中国人口·
　　　 资源与环境，2007（3）：10 - 14.

［174］穆贤清，黄祖辉，陈崇德，等. 我国农户参与灌溉管理的产权制度保
　　　 障 ［J］. 经济理论与经济管理，2004，12：61 - 66.

［175］牛若峰. 农业产业化：真正的农村产业革命 ［J］. 农业经济问题，
　　　 1998，（2）：27 - 31.

［176］牛若峰. 农业产业化的理论界定与政府角色 ［J］. 农业技术经济，
　　　 1997：1 - 5.

［177］牛若峰. 农业产业化经营发展的观察和评论 ［J］. 农业经济问题，
　　　 2006，3：8 - 15.

［178］牛若峰. 农业产业一体化经营的理论与实践 ［M］. 北京：中国农业科
　　　 技出版社，1998.

[179] 牛若峰，夏英. 农业产业化经营的组织方式和运行机制 [M]. 北京：北京大学出版社，2000.

[180] 欧阳进良，宇振荣，张凤荣. 基于生态经济分区的土壤质量及其变化与农户行为分析 [J]. 生态学报，2003，23（6）：1147－1155.

[181] 彭星闾，肖春阳. 市场与农业产业化 [M]. 北京：经济管理出版社，2000.

[182] 祁春节，刘双，王亚静，罗远业. 国际农业产业化的理论与实践 [M]. 北京：科学出版社，2008.

[183] 钱文婧，贺灿飞. 中国水资源利用效率区域差异及影响因素研究 [J]. 中国人口·资源与环境，2011，21（2）：54－60.

[184] 巧平，蓝庆新. 农业产业化的制度内涵与路径选择 [J]. 济宁师范专科学校学报，2004，1：34－37.

[185] 曲福田. 资源经济学 [M]. 北京：中国农业出版社，2001.

[186] 萨缪尔森. 经济学（上册）[M]. 北京：商务出版社. 1979.

[187] 沈平. 农业结构调整中农户行为选择及其引导 [J]. 理论建设，2003，2：12－14.

[188] 石林溪. 公共产品的私人供给研究 [J]. 中国集体经济，2012，3：86－87.

[189] 石晓平，郎海如. 农地经营规模与农业生产效率研究综述 [J]. 南京农业大学学报（社会科学版），2013，13（2）：76－84.

[190] 石元春. 走出治沙与退耕中的误区 [Z]. 中国工程院"西北水资源"项目办公室编，西北地区水资源配置、生态环境建设和可持续发展战略研究简报（第27期）2002－03－05.

[191] 史金善. 农村公共产品供给与贫困地区农民增收 [J]. 农业经济，2002，8：4－5.

[192] 苏宝财. 茶农生产投资的技术效率及其影响因素实证分析——以福建安溪为例 [J]. 林业经济问题，2010. 30（4）：346－350.

[193] 苏新宏，顾建国，张冬平. 基于省域尺度的河南省烤烟生产比较优势分析 [J]. 技术经济，2010（4）：63－85.

[194] 孙爱军，董增川，王德智. 基于时序的工业用水效率测算与耗水量预测 [J]. 中国矿业大学学报，2007，36（4）：547－553.

[195] 孙静静，刘丽明. 我国农业产业化发展的制约因素及对策研究 [J].

华中科技大学学报（人文社会科学版），2002，3：67－70.

[196] 孙立新，秦富，白人朴. 我国主要粮食作物比较优势研究［J］. 农业技术经济，2002（5）：23－28.

[197] 孙淑珍. 从水资源角度看黑龙港区域农业种植结构优化［J］. 河北工程技术高等专科学校学报，2010（1）：4－6.

[198] 孙晓山. 树立科学发展观开创水利工作新局面［J］. 江西水利科技，2004，30（2）：65.

[199] 谭静. 农业产业化研究综述［J］. 农业管理科学，1997，1：1－6.

[200] 谭荣，曲福田. 现阶段农地非农化配置方式效率损失及农地过度性损失［J］. 中国土地科学，2006，（3）：3－8.

[201] 谭荣，曲福田. 农地非农化代际配置与农地资源损失［J］. 中国人口·资源环境，2007，17（3）：28－34.

[202] 唐友雄. 浅析我国农业产业化进程中农户地位的弱化及其创新［J］. 改革与开放，2009，5：10－11.

[203] 唐忠，李众敏. 改革后农田水利建设投入主体缺失的经济学分析［J］. 农业经济问题，2006，2：34－40.

[204] 王爱群. 吉林省农业产业化龙头企业发展研究［D］. 长春：吉林农业大学，2007.

[205] 王国辉. 从种植结构调整谈黑河中游灌区节水［J］. 甘肃农业，2006（4）：106.

[206] 王金霞，黄季焜. 机电井地下水灌溉系统分析及其技术效率——河北省机电井地下水灌溉系统的实证研究［J］. 水利科学进展，2002，13（2）：259－263.

[207] 王克林，刘新平，张春华. 资源约束型贫困地区农业产业化战略研究［J］. 资源科学，1998，20（4）：70－76.

[208] 王思薇，安树伟. 中国市场化改革对区域技术效率的贡献研究［J］. 经济问题探索，2009，12：14－18.

[209] 王文刚，李汝资，宋玉祥，等. 吉林省区域农地生产效率及其变动特征研究［J］. 地理科学，2011，12：14－36.

[210] 王晓娟，李周. 灌溉用水效率及影响因素分析［J］. 中国农村经济，2005，7：11－18.

[211] 王昕，陆迁. 农村社区小型水利设施合作供给意愿的实证［J］. 中国

人口·资源与环境, 2012, 22 (6): 115 – 119.

[212] 王秀东, 王永春. 我国农户小麦生产模式对执行良种补贴政策的影响分析——以河南、山东、河北小麦种植情况调查为例 [J]. 农业经济问题, 2007: 16 – 21.

[213] 王学渊, 赵连阁. 中国农业用水效率及影响因素: 基于 1997—2006 年省区面板数据的 SFA 分析 [J]. 农业经济问题, 2008 (3): 10 – 17.

[214] 王银梅, 刘语潇. 从社会保障角度看我国农村土地流转 [J]. 宏观经济研究, 2009 (11): 40 – 45.

[215] 邬晓霞, 李小建, 乔家君. 欠发达农区不同经济发展水平下农户行为比较研究——以河南省孔场村、新建村、郑楼村为例 [J]. 河南科学, 2005, 23 (4): 620 – 624.

[216] 吴安, 路广利. 中国农田水利设施的建设与管理 [J]. 现代商业, 2009 (18).

[217] 吴丽英. 种植结构调整对农业节水潜力影响分析 [J]. 水科学与工程技术, 2009 (1): 46 – 48.

[218] 吴天龙, 马丽, 隋鹏, 等. 太行山前平原不同轮作模式水资源利用效率评价 [J]. 中国农学通报, 2008, 24 (5): 351 – 356.

[219] 武雪萍, 吴会军, 庄严, 等. 节水型种植结构优化灰色多目标规划模型和方法研究 [J]. 中国农业资源与区划, 2008, 32 (6): 16 – 21.

[220] 夏春玉, 薛建强. 农业产业化模式、利益分配与农民收入 [J]. 财经问题研究, 2008, 11: 31 – 38.

[221] 向青, 黄季焜. 地下水灌溉系统产权演变和种植业结构调整研究——以河北省为实证的研究 [J]. 管理世界 (双月刊), 2000, 5: 163 – 2000.

[222] 辛良杰, 李秀彬, 朱会义, 等. 农户土地规模与技术效率的关系及其解释的印证——以吉林省为例 [J]. 地理研究, 2009 (9): 1276 – 1283.

[223] 熊巍. 我国农村公共产品供给分析语模式选择 [J]. 中国农村经济, 2002, 7: 36 – 44.

[224] 徐万林, 粟晓玲, 史银军, 等. 基于水资源高效利用的农业种植结构及灌溉制度优化——以民勤灌区为例 [J]. 水土保持研究, 2011, 18 (1): 205 – 209.

[225] 许朗, 黄莺. 农业灌溉用水效率及其影响因素分析——基于安徽省蒙城县的实地调查 [J]. 资源科学, 2011: 1 – 10, 11.

［226］杨欢进，杨洪进. 组织支撑：农业产业化的关键［J］. 管理世界，1998，4：207－210，213.

［227］杨美丽，周应恒. 农户农业生产性投资及其地区差异——基于农村公共事业发展角度的实证分析［J］. 云南农业大学学报，2007（9）：68－72.

［228］姚洋. 集体决策下的诱导性制度变迁［J］. 中国农村观察，2000（2）：11－20.

［229］余传贵. 制度安排·资源利用效率·国民经济福利［J］. 河北学刊，2002，1：56－59.

［230］易红梅，张林秀，Denise Hare，等. 农村基础设施投资与农民投资需求的关系——来自5省的实证分析［J］. 中国软科学，2008，11：106－115，148.

［231］尹文静，Ted McConnel. 农村公共投资对农民生产投资影响的区域差异——基于卡尔曼滤波的时序分析［J］. 中国农村观察，2012，3：63－70.

［232］尹文静. 农村公共投资对农户投资影响研究［D］. 咸阳：西北农林科技大学，2010.

［233］余雅乖. 政府行为与制度变迁：以农业产业化经营为例［J］. 经济科学出版社，2010.

［234］苑韶峰. 我国资源利用现状及节约机制框架的构建［J］. 地域研究与开发，2007，26（1）：50－53.

［235］岳跃. 中国农户经济行为的二元博弈均衡分析［J］. 北京：中国经济出版社，2006，12：118－120.

［236］张爱民，方先明. 中国省际水资源利用效率的空间分布格局及决定因素［J］. 中国人口·资源与环境，2010，20（5）：139－145.

［237］张大瑜. 吉林省粮食作物生产系统的能值分析与比较优势研究［D］. 北京：中国农业大学，2005.

［238］张建斌. 不同地域条件下农户生产和市场营销行为特征及其对农业科研选题的导向［J］. 河北农业科学，1999，3（2）：30－37.

［239］张金萍，郭兵托. 宁夏平原区种植结构调整与区域水资源利用效用的影响［J］. 干旱区资源与环境，2010，24（9）：22－26.

［240］张军，高远，傅勇，等. 中国为什么拥有了良好的基础设施［J］. 经

济研究，2007，3：4-19.

[241] 张俊飚，雷海章. 农业产业化：加速我国西部农村经济发展的现实选择 [J]. 农业经济问题，1998，4：27-32.

[242] 张礼华，秦灏. 多目标妥协约束法在灌区种植结构优化中的应用 [J]. 现代农业科技，2010（12）：222-223.

[243] 张宁. 小型水利工程农户参与式管理模式及效率研究 [M]. 北京：中国社会科学出版社，2009.

[244] 张全红. 我国小型农田水利设施治理制度分析 [J]. 农业经济，2006（10）：57-58.

[245] 张永勤，彭补拙，缪启龙，等. 南京地区农业耗水量估算与分析 [J]. 长江流域资源与环境，2001，10（5）：413-418.

[246] 张忠根，史清华. 农地生产率变化及不同规模农户农地生产率比较研究——浙江省农村固定观察点农户农地经营状况分析 [J]. 中国农村经济，2001，1：67-73.

[247] 张忠明，周立军，钱文荣. 设施农业经营规模与农业生产率关系研究——基于浙江省的调查分析 [J]. 农业经济问题，2011，12：23-29，110.

[248] 章立，余康，郭萍. 农业经营技术效率的影响因素分析——基于浙江省农户面板数据的实证 [J]. 农业技术经济，2012，3：71-77.

[249] 赵京，杨钢桥，汪文雄. 农地整理对农户土地利用效率的影响研究 [J]. 资源科学，2011，33（12）：2271-2276.

[250] 赵连阁，王学渊. 水价变化对灌区种植结构的影响——对辽宁丹东东港铁甲灌区的模拟分析 [J]. 农业经济问题（月刊），2006，3：55-59.

[251] 赵永刚，何爱平. 农村合作组织、集体行动和公共水资源的供给——社会资本视角下的渭河流域农民用水者协会绩效分析 [J]. 重庆工商大学学报，2007，（2）：78-82.

[252] 郑煜，陈阜，张海林，等. 北京市灌溉农田水资源利用效率研究 [J]. 水土保持研究，2006，13（6）：55-57.

[253] 钟萍. 适度规模经营与农业产业化 [J]. 农业部北京农垦管理干部学院学报，1999，2：21-24.

[254] 钟太洋，黄贤金. 非农就业对农户种植多样性的影响：以江苏省泰兴

市和宿豫区为例 [J]. 自然资源学报, 2012, 2702: 187 – 195.

[255] 周惠成, 彭慧, 张弛, 等. 基于水资源合理利用的多目标农作物种植结构调整与评价 [J]. 农业工程学报, 2007, 23 (9): 45 – 49.

[256] 周其仁. 研究真实世界的经济学——科斯研究经济学的方法及其在中国实践 [M]. 中国制度变迁的案例研究 (第二集). 北京: 中国财经出版社, 1996.

[257] 周晓林, 吴次芳, 刘婷婷. 基于 DEA 的区域农地生产效率差异研究 [J]. 中国土地科学, 2009, 3: 60 – 65.

[258] 周振民. 农田灌溉用水权——有偿转让机制与农民受益研究 [M]. 北京: 中国水利水电出版社, 2007.

[259] 朱红根, 翁贞林, 康兰媛. 农户参与农田水利建设意愿影响因素的理论与实证分析——基于江西省 619 户种粮大户的微观调查数据 [J]. 自然资源学报, 2010, 4: 539 – 546.

[260] 朱喜, 史清华, 李锐. 转型时期农户的经营投资行为——以长三角 15 村跟踪观察农户为例 [J]. 经济学 (季刊), 2010, 9 (2): 713.